JN440061

자연과학시리즈

4

퀴즈 지구과학의 역사

정 완 상 지음

KYOWOOSA 교우사

머리말

전기에 대한 연구는 누가 처음 시작했고 어떻게 발전했을까? 우리 주위의 기체는 누가 발견했을까? 세포는 누가 발견했는가? 아마도 이런 호기심을 가진 사람들이 많을 것입니다. 그래서 이 시리즈에는 과학의 역사를 더듬어 보았습니다.

이 시리즈는 기존의 다른 과학의 역사에 관한 책들보다 퀴즈로 되어 있어 문제를 풀어볼 수 있다는 장점이 있습니다. 문제를 풀어 나가면서 물리, 화학, 생물, 지구과학, 천문학의 역사에 대해 자신이 얼마나 알고 있는가를 가늠해 볼 수 있습니다. 이 시리즈에 나오는 과학자들은 과학사의 영웅들입니다. 이런 영웅들의 업적을 통해 과학자들이 얼마나 위대한 지를 독자들이 느낄 수 있었으면 하는 것이 저자의 소망입니다.

이 책은 미래의 과학자를 꿈꾸는 청소년들, 과학에 대한 상식을 풍부하게 지니고 싶어 하는 일반인, 또한 퀴즈 프로그램에서 좋은 결과를 내고 싶어 하는 사람에게 좋은 도움이 될 것입니다.

저자는 KAIST에서 이론물리학을 하고 대학에 와서 물리학과 수학을 가르쳐 왔습니다. 그래서 그동안 대학에서 연구한 내용과 강의했던 내용을 토대로 이 책을 집필하게 되었습니다. 저자는 2011년 EBS에서 과학의 역사에 대한 스무 번의 강의를 하면서 과학의 역사를 정리하고 싶었습니다. 교우사에서 이 시리즈를 긍정적으로 생각해주셔서 이 시리즈가 나오게 되었습니다. 이번 시리즈를 만들면서 저자 본

인도 과학의 역사를 좀 더 알 수 있었고, 전에는 알지 못했던 새로운 과학자에 대해서도 알게 되어 즐거웠습니다.

끝으로 이 책을 출간할 수 있도록 배려하고 격려해준 교우사의 식구들에게 감사를 드립니다. 이 책의 자료 정리에 도움을 준 대학원생들에게도 감사를 드립니다.

진주에서

정완상

CONTENTS

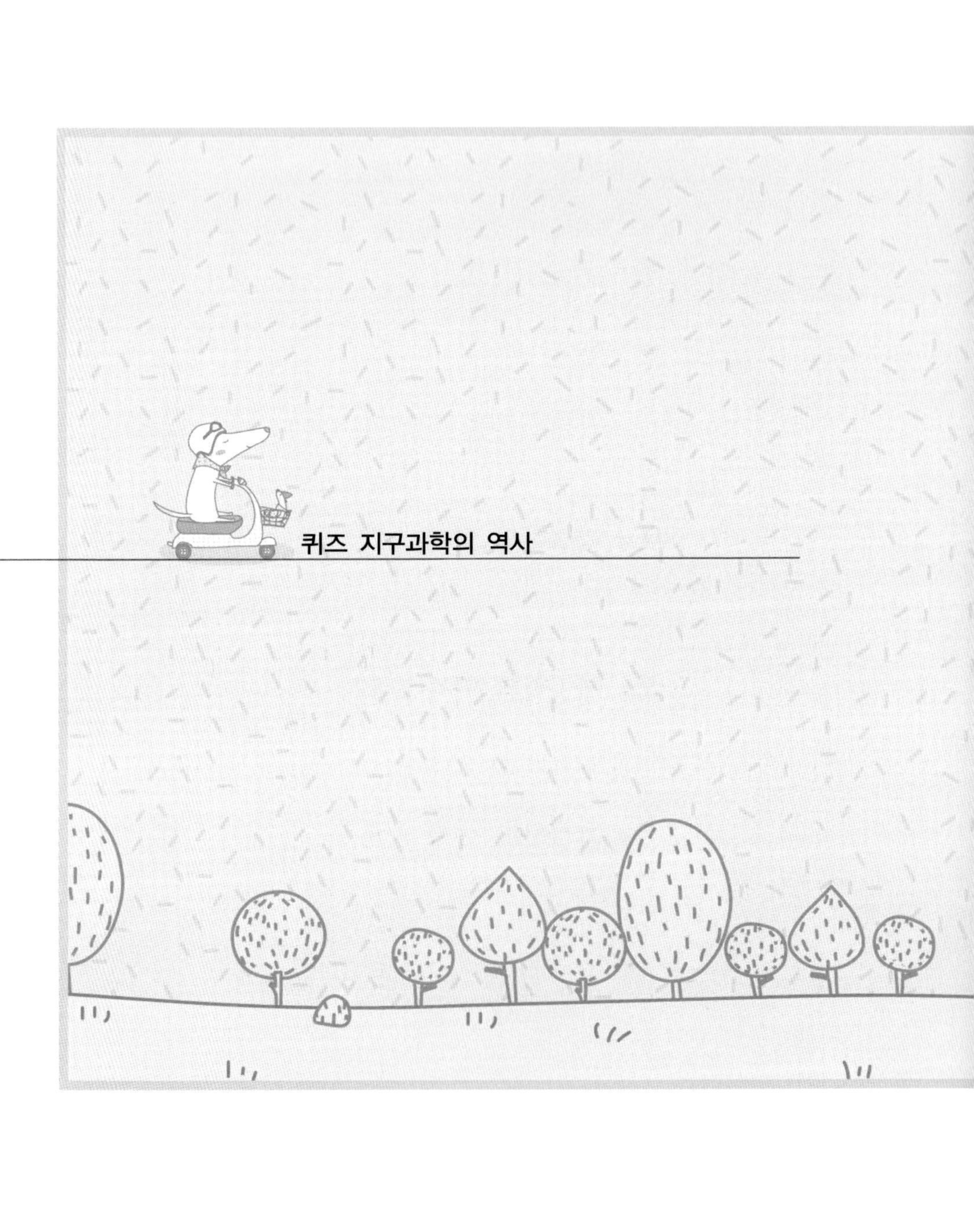

퀴즈 지구과학의 역사

제 1 부

지질학의 역사

QUIZ **01**

고대 그리스 시대의 철학자인 이 사람은 생물이 바다에서 시작되어 점차 육지로 옮겨 갔다는 주장을 했다. 이 세상의 모든 사물이 물로 이루어져 있다고 주장한 이 사람은 누구인가?

해설

QUIZ **02**

고대 그리스의 크세노파네스(570 BC-475 BC)는 이것은 지난 날 생존했던 생물의 유해라고 주장했다. 그는 이것을 연구해 지구가 과거에는 온통 바다로 덮여 있었다고 주장했다. 이것은 무엇인가?

해설 크세노파네스 이후 르네상스 시대에는 레오나르도 다빈치, 프라카스트로, 부르노 등도 같은 생각을 했다.

ANSWER

01 탈레스 02 화석

QUIZ 03

지구의 모습이 아주 천천히 변화한다고 최초로 주장한 사람은?

해설 아리스토텔레스는 퇴적에 의해 수면이 상승할 수 있으며 기후의 변화에 의해 육지가 바다가 되고 바다가 육지가 될 수 있다는 사실을 처음 알아냈다.

QUIZ 04

화산을 땅속의 불이 밖으로 나오는 현상이라고 주장한 고대 그리스 시대의 철학자이자 수학자인 이 사람은 누구인가?

해설 피타고라스 이후에도 그리스의 많은 철학자들이 화산에 대해 언급했다. 엠페도클레스는 에트나 화산을 관찰하고 땅속은 용융상태일 것이라고 생각했고 아리스토텔레스는 화산은 지구속의 빈공간이 열에 의해 뜨거워져 뜨거운 공기가 암석과 함께 분출되는 현상이라고 생각했다.

ANSWER

03 아리스토텔레스 04 피타고라스

QUIZ 05

아리스토텔레스의 제자이며 암석에 대한 최초의 책 『암석에 관하여』를 저술한 과학자는?

해설 아리스토텔레스의 뒤를 이어 아리스토텔레스가 아테네에 세운 최초의 대학 리케이온의 원장이 된 테오프라스토스는 여러 가지 암석에 대한 기록을 남겼다. 그는 『암석에 관하여』라는 책에서 여러 암석들의 굳기에 대해 최초로 언급했다.

ANSWER

05 테오프라스토스(Theophrastos)

QUIZ 06

로마 시대의 플리니우스(Gaius Plinius Secundus, AD 23-August 25, AD 79)는 이것이 화석화되어 호박이라는 광물이 만들어진다고 주장했다. 이것은 무엇인가?

해설 플리니우스는 또한 다이아몬드가 팔면체 구조를 가지고 있다고 최초로 주장하는 등 결정학의 기초를 이루었다.

QUIZ 07

이 사람은 이슬람 세계의 아리스토텔레스로 불리는 페르시아의 과학자이자 의사이다. 이 사람은 산맥이 어떻게 생기는지, 지진이 왜 일어나는지, 광물이 어떻게 만들어지는 지에 대해 연구했다. 이 사람은 누구인가?

해설

〈이븐 시나(Ibn Sina 981~1037)〉

ANSWER

06 송진 07 이븐 시나(Ibn Sina 981~1037)

QUIZ 08

중국 북송시대의 이 과학자는 산맥의 침식과 실트(모래와 점토의 중간 굵기를 가진 흙)의 퇴적에 의해 육지가 만들어 졌다고 주장했다. 이 사람은 누구인가?

QUIZ 09

광물과 암석은 어떻게 다른가?

해설 소시지가 들어 있어 맛있는 밥이 김밥이다. 소시지, 단무지, 밥, 김과 같은 재료들이 김밥을 만들 듯이 여러 광물이 모여 암석을 이룬다.

ANSWER

08 심괄(1031-1095)

현재까지 지구에서 발견된 광물의 종류는 약 4000여종이다. 암석마다 4000개의 광물이 들어 있지는 않고, 4000여종의 광물 중 1% 정도의 광물이 암석에서 흔히 발견되는 데 이를 조암광물이라고 부른다. 조암광물로는 석영, 장석, 운모, 각섬석, 휘석, 감람석 등이 있다.

광물은 주로 8개의 원소로 이루어져있다. 이것을 8대 원소라고 부른다.

• 8대원소 : 산소, 규소 , 알루미늄, 철, 칼슘, 나트륨, 칼륨, 마그네슘

광물 속에 가장 많이 들어 있는 원소는 산소이다. 산소는 전체의 약 47%를 규소는 전체의 약 28%를 차지한다. 이 둘은 사이가 좋아 광물 속에는 주로 산소와 규소의 화합물이 들어 있다. 왜 어떤 광물은 밝고 어떤 건 어두울까? 흑운모, 각섬석, 휘석, 감람석은 철과 마그네슘을 포함하고 있어서 어두운 색을 띠고 석영과 장석은 철과 마그네슘이 없어 밝은 색을 띤다.

QUIZ 10

독일의 광물학자인 이 사람은 산맥이 어떻게 만들어지는지에 대해 처음 연구했다. 그는 모래를 운반하는 바람, 지하의 바람, 지진, 화산 활동 및 물에 의한 침식에 의해 산맥이 형성된다고 주장했다. 이 사람은 누구인가?

해설 아그리콜라는 독일의 글라우하우에서 태어나 스무 살이 되던 해 라이프치히 대학에서 철학을 공부했다. 그는 전공을 바꾸어 1526년 의학박사학위를 받고 현재 체코의 서부 지역인 요아힘스타르에서 약제사로 일했다.

〈아그리콜라(Georgius Agricola 1494-1555)〉

요아힘스타르는 광산도시였는데 아그리콜라는 이곳에서 의사로 일하면서 광산과 금속에 관심을 가졌다. 그는 지질학에 관한 여러 권의 책을 썼는데 『지하로 부터의 물질의 출현에 대하여』, 『화석의 성질에 관하여』, 『금속학에 관하여』와 같은 책이 대표적이다.

아그리콜라는 물리적 특성을 통해 광물을 분류했다. 그는 광물의 색, 형태, 용해도, 강도, 밀도 등의 성질을 이용해 이 일을 했다. 또한 그는 원소와 화합물을 구별하려고 시도했다.

ANSWER

10 아그리콜라(Georgius Agricola 1494-1555)

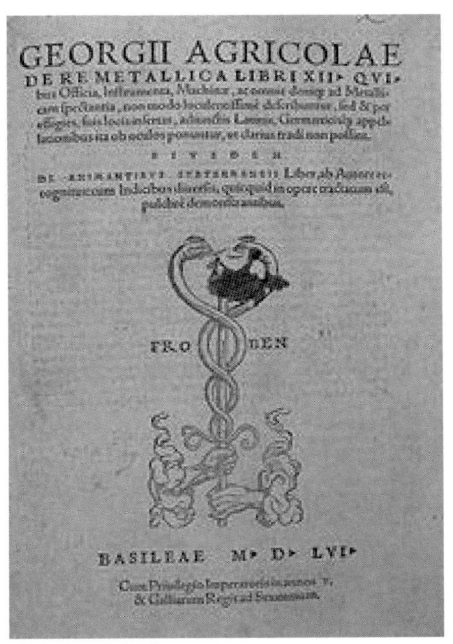

아그리콜라는 또한 광산이 어떻게 만들어지는지 또 광산에서 배수와 환기를 어떻게 해야하는지 등에 대해 연구했고, 광부들의 도구에 대해 연구했다. 그는 광산에서 석출된 광석을 분석하고 운반하고 제련하고 정제하는 방법에 대해 연구했다. 또한 그는 암석들이 규칙적으로 층을 이루면서 나타난다는 것도 알아냈다.

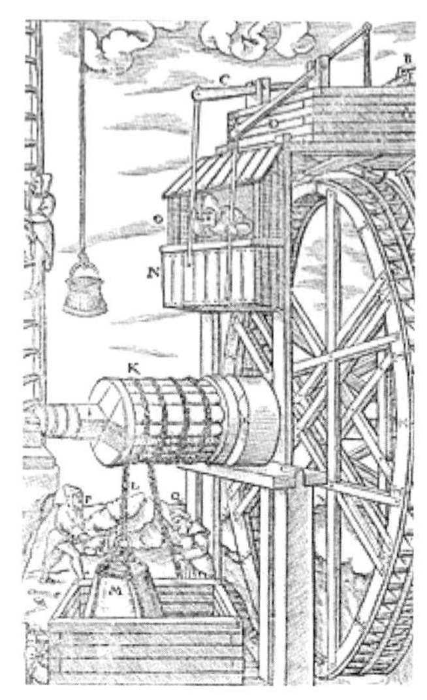

QUIZ 11

광물의 굳기를 비교할 수 있는 방법을 제시한 사람은?

해설 지질학자 모스는 사람들에게 많이 알려진 10개의 광물들의 굳기를 비교해 모스 굳기를 정의했다.

1. 활석 2. 석고 3. 방해석 4. 형석 5. 인회석
6. 정장석 7. 석영 8. 황옥 9. 강옥 10. 금강석

숫자가 커질수록 단단한 광물이므로 굳기가 제일 약한 광물은 활석으로 손톱으로 살짝 긁어도 자국이 날 정도로 무르다. 손톱의 굳기는 2.5이다.

ANSWER

11 모스

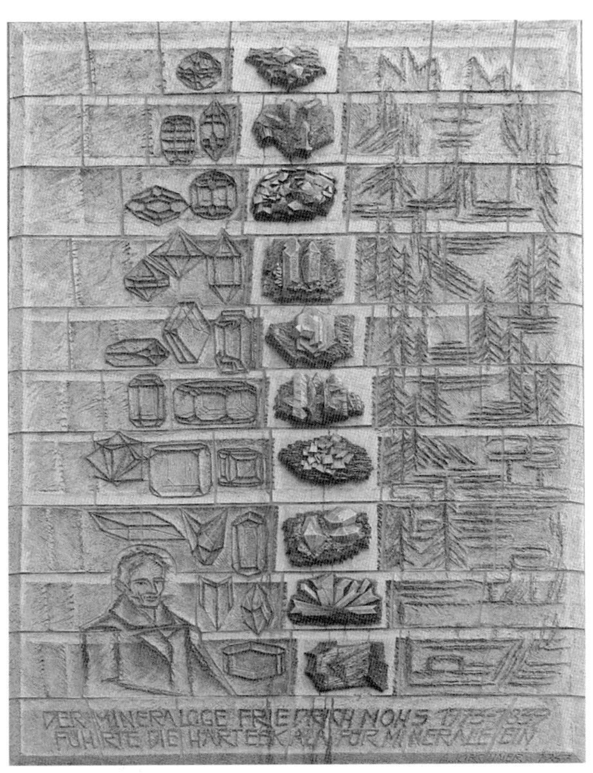

QUIZ 12

조개껍데기 화석이 산꼭대기에서 관찰되는 것을 통해 성경에 나오는 노아의 대홍수 때문에 화석이 생겼다고 주장한 사람은 누구인가?

ANSWER

12 우드워드(1665–1728)

해설 우드워드는 대홍수가 지상에 살고 있는 많은 생물을 멸종시켰고 그 중 무거운 생물의 화석은 지층의 깊은 곳에 조개처럼 가벼운 생물의 화석은 지층의 위쪽에서 발견되며 땅의 융기나 침강 때문에 조개의 화석이 산꼭대기에서 발견된다고 생각했다.

QUIZ 13

지층이 퇴적될 당시의 순서를 그대로 유지하고 있을 경우, 아래 있는 지층이 먼저 생긴 지층이고 위에 있는 지층이 나중에 생긴 지층이라는 이 법칙은 1669년 덴마크의 지질학자 스테노가 처음 주장했다. 층서학의 기초가 된 이 법칙의 이름은?

해설 스테노의 지층 누중의 법칙은 별다른 주목을 받지 못하다가 1791년 영국의 스미스에 의해 층서학의 기본법칙으로 확립되었다.

ANSWER

13 지층 누중의 법칙

스테노의 원래 이름은 스텐센이다. 그는 1638년 덴마크의 코펜하겐에서 태어났다. 그의 아버지는 금 세공인으로 덴마크 국왕이 주요 고객이었다. 그 덕에 그의 가족은 부유하게 살 수 있었다.

스테노는 세 살부터 여섯 살 까지 병명을 알 수 없는 병으로 고생을 했고 병이 치유되자 아버지가 돌아가셨다. 그 후로 그는 경제적으로 어려움에 처해졌다.

그는 루터 아카데미인 보르프루에 스쿨에 다녔는데 당시 유럽에 퍼진 전염병으로 전교생의 절반이 죽었다. 당시 교육받은 사람들은 이름을 라틴어로 바꾸는 전통에 의해 그의 이름은 라틴어인 스테노로 바뀌었다.

스테노는 1656년 덴마크의 코펜하겐 대학에 입학해 의학을 공부했다. 당시 덴마크는 스웨덴과 전쟁 중이라 많은 교수와 학생들이 전쟁터에 나갔다. 이 기간 동안 스테노는 수 많은 책을 읽었다.

당시 산에서 석출한 암석에서 조개나 바다 생물체의 흔적이 발견되었다. 당시 사람들은 이것들이 지구에서 자연적으로 자란

것인지 아니면 아주 오래전 바다 생물의 흔적인지 궁금해 했다. 당시 사람들은 이것이 성경에 기록된 대홍수의 흔적이라고 생각했다.

코펜하겐 대학에서 3년을 공부하고 스테노는 네덜란드의 암스테르담으로 가서 블래스에게 해부학을 배웠다. 스테노는 도살된 양의 머리에서 턱주변에 있는 동맥과 정맥을 조사했다. 그는 양의 턱을 절개해 그 속에 금속탐침을 넣어 귀밑샘에서 구강으로 연결되어 있는 관을 발견했다. 이 관은 스텐센 관이라고 부른다. 하지만 그의 스승인 블래스는 자신이 이 관을 발견했다고 주장해 스테노를 실망시켰다. 1664년 스테노는 근육과 샘에 대한 연구로 네덜란드 라이덴 대학에서 의학박사 학위를 받았다.

1665년까지 스테노는 뇌의 해부를 연구했다. 1666년 이탈리아의 플로렌스로 간 그는 산속 암석 속에서 발견되는 조개 문제를 떠올렸다. 당시 그는 황태자의 주치의인 레디와 친하게 지냈다. 레디는 자연발생설을 반박한 사람이다. 당시 사람들은 파리가 배설물이나 썩은 고기에서 만들어졌다고 생각했지만 레디는 이 사실에 동의하지 않았다.

레디의 도움으로 스테노는 산타마리아 누오바 병원에서 의사로 일할 수 있었다. 이때 스테노는 근육수축에 대한 연구를 했다. 그는 근육이 수축되어 섬유의 모양이 변해도 부피는 달라지지 않는다는 사실을 발견했다.

1666년 가을 리보르노 해안에서 무게가 1톤이 넘는 거대한 상어가 잡혔다. 스테노는 이 상어의 해부를 맡았는데 해부 도중 스테노는 상어의 이빨의 모양이 화석에서 발견되는 모양과 비슷하다는 것을 알아냈다. 당시에 글로소페트라라고 부르는 단단하고 검은 톱니 모양의 돌이 어디서 왔는지를 사람들이 모르고 있었다. 스테노는 이 돌이 상어의 이빨과 흡사하다는 사실을 발견하고 글로소페트라의 성질를 조사하기 시작했다.

스테노는 만일 글로소페트라가 상어이빨이라면 왜 산속에서 발견되었을까 궁금해했다. 그는 좀더 글로소페트라와 상어이빨 사이의 관계를 알아보던 중 두 개가 완전히 동일하다는 것을 알고 글로소페트라가 화석화된 상어이빨임을 알아냈다.

글로소페트라 연구로 지질학에 관심을 가진 스테노는 지질학의 세가기 주요 법칙을 발표했다. 그 세 가지 법칙은 다음과 같다.

1. 누중의 법칙
2. 고유수평의 원리
3. 측면 연속성 원리

누중의 법칙은 지층이 상대적인 지질학적 시기를 나타낸다는 것을 말한다.

NICOLAI STENONIS
DE SOLIDO
INTRA SOLIDVM NATVRALITER CONTENTO
DISSERTATIONIS PRODROMVS.
AD
SERENISSIMVM
FERDINANDVM II.
MAGNVM ETRVRIÆ DVCEM.

FLORENTIÆ
Ex Typographia sub signo STELLÆ MDCLXIX.
SVPERIORVM PERMISSV.

즉, 지층은 위로 갈수록 젊다는 것을 의미한다. 고유수평의 원리는 퇴적물의 층들이 물이나 바람에 의해 퇴적된 후 수평을 유지한다는 원리이다. 측면 연속성원리는 지층이 모든 방향으로 분포할 수 있다는 원리이다. 또한 스테노는 결정면들 사이의 각도가 크기와 모양에 관계없이 일정하다는 것을 알아냈다. 1675년 스테노는 황태자의 아들의 가정교사가 되었고 1677년에는 주교에 임명되었다. 그는 여생동안 포교에 힘썼다. 그는 병으로 고생하다가 1686년 48살의 나이로 세상을 떠났다.

QUIZ 14

화석이 화산작용 때문에 생겼다고 처음 주장한 사람은?

해설 1740년 베네치아의 수도원장인 모로는 화산작용 때문에 지층이 생기고 그로 인해 지층 사이에서 화석이 발견된다고 주장했다.

QUIZ 15

이 사람은 파리 왕실 식물원의 책임자로 1749년 지구의 나이가 약 8만 년이며 지구가 불덩어리에서 시작되어 진화를 거쳐 지금의 모습이 되었다는 지구 진화론을 주장했다. 이 사람은 누구인가?

ANSWER

14 모노 15 뷔퐁

해설 뷔퐁이전에는 사람들이 성경에 의존해 지구의 나이를 수천 년 정도로 여겼다. 1650년 대주교 어셔는 성경 해석을 근거로 지구가 기원전 4004년 만들어졌다고 주장했다.

뷔퐁은 과학적으로 지구의 나이를 분석한 최초의 과학자로 지구의 진화는 여섯 단계로 나뉘어진다고 주장했다. 그의 이론은 다음과 같다.

지구는 태양과 혜성의 충돌에 의해 태양에서 분리되어 나왔고 처음 지구는 불덩어리였고 자전을 하여 원심력 때문에 적도 반지름이 극 반지름보다 큰 현재와 같은 납작한 공 모양이 되었다. 2936년 동안 지표에 단단한 지각이 만들어지고 지구가 식어감에 따라 지각에 주름이 생겨 산맥과 바다 바닥이 생겨났다. 다음 5만년 동안 대기 중의 수증기가 응결해 물이 되어 바다가 생기고 바닷물에 의한 침식에 의해 점토가 생겼다. 다음 2만 5천 년 동안 육지에 식물이 무성해지고 동물과 인간이 나타났다.

19세기말부터 20세기 초에 걸쳐 많은 과학자들이 지구의 나이를 구하는 문제에 도전했다. 지층의 전체 두께와 매년 쌓이는 지층의 두께의 비를 이용해 지구 나이를 계산해 지구의 나이가 15억년이라고 주장한 과학자도 있었고 매년 바다로 흘러들어가는 염분량의 바다 전체 염분량에 대한 비를 이용해 지구의 나이가 1억 년이라고 주장한 과학자들도 있었다.

영국의 물리학자 켈빈 경은 물리학을 이용해 지구의 나이를 구하려는 시도를 했다. 그는 지구의 열손실율을 계산해보았다. 그러기위해서 그는 지구의 처음 온도를 암석이 녹는 온도인 3870도로 택했고 여러 가지 암석의 열전도율을 측정했다. 그는 또한 다양한 깊이의 광산에서 온도를 측정해 지구의 내부에서 열이 빠져나가는 속도를 측정했다. 이들 데이터를 토대로 그는 지구의 나이가 약 7천만 년 정도라고 주장했다.

지구의 정확한 나이는 뢴트겐이 X선을 발견한 1895년 이후에 이루어진다. 뢴트겐 이후 베크렐이 우라늄의 방사선을 퀴리부인이 라듐과 폴로늄의 방사선을 발견한다. 1907년 캐나다 맥길 대학교의 러더퍼드와 소디는 방사능 붕괴와 반감기에 대한 법칙을 발표했다. 이 이론을 통해 여러 가지 방사능 원소의 반감기가 계산되었고 이를 이용해 여러 가지 암석의 나이를 알 수 있게 되었다. 그렇게 해서 지구의 나이는 약 46억 년 정도가 되었다.

QUIZ 16

1770년 프랑스의 게타르는 북 아일랜드의 자이언츠 코스웨에 있는 이 암석의 기둥을 보고 이 암석이 물속에서 만들어졌다고 생각했다. 데마레는 화산 주위에 이 암석이 있는 것을 발견하고 이 암석이 용암의 응고에 의해 생겼다고 주장했다. 제주도에서 많이 볼 수 있는 이 암석은 무엇인가?

ANSWER

16 현무암

해설

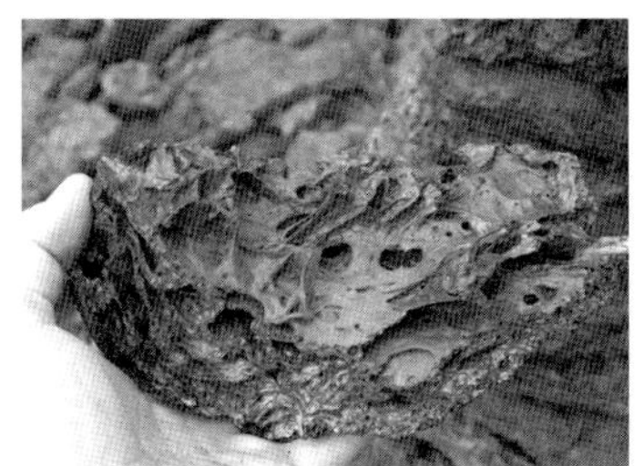

QUIZ 17

18세기 후반 독일 프라이베르크 광산학교 교수인 베르너는 프라이베르크 지방의 암석을 관찰해 지구상의 대부분의 암석이 바닷물 속에 침전하여 만들어졌다고 주장했다. 베르너가 처음 주장한 이 이론의 이름은 무엇인가?

해설 베르너는 300년 동안 광업에 종사해온 집안 출신으로 1775년부터 1817년까지 프라이베르크 광산대학의 학장을 지냈다. 그의 명 강의는 유럽 전역에 소문이 나 그의 강의를 듣기 위해 여러 나라에서 수 많은 학생들이 프라이베르크로 몰려들었다.

베르너는 우드워드의 홍수설을 확대해 지구는 아주 오래 전 바다로 뒤덮여 있었고 모든 암석은 바다에서의 결정 작용이나 침전에 의해 만들어졌다고 주장했다.

베르너의 이론에 따르면 바다 속에서 먼저 화강암이 결정 작용에 의해 만들어지며 화강암 속에는 화석이 없고, 그 다음으로는 침전에 의해 생긴 점판암이 생겨나는 데 점판암 속에서는 약간의 화석이 발견된다.

ANSWER

17 수성론

그 다음에는 석탄 암처럼 화석이 많이 들어 있는 퇴적암이 생기고 마지막으로 풍화에 의해 모래와 점토가 생겨난다.
베르너는 화산에 대해 석탄에 불이 붙어 폭발하는 것이라고 생각했다.

QUIZ 18

수성론과 반대되는 이론으로 모든 암석의 생성 원인이 물이 아니라 열이라는 이론은?

해설 화성론은 데마레가 확립하고 허턴에 의해 절정을 이루었다. 화성론에 의하면 화강암은 지하 깊은 곳에서 마그마가 냉각되어 만들어진 암석이고 현무암은 화산활동으로 만들어진 암석이다. 마그마가 화산 속에서 굳어 질 수도 있고 화산 밖으로 분출해서 굳어질 수도 있는데 마그마가 지하 깊숙한 곳에서 굳어진 것을 심성암이라고 하고 마그마가 지표 또는 지표 부근에서 굳어진 것을 화산암이라고 한다.

ANSWER

18 화성론

심성암은 뜨거운 화산분화구 속에 있어 천천히 식어 오랫동안 결정을 만드니까 결정이 크다. 화강암이나 반려암이 바로 심성암이다. 화강암에는 밝은 광물인 장석과 석영이 많아 색깔이 밝고 심성암이므로 결정이 크고 고르다. 단단하기 때문에 보도블록, 건물 벽, 바닥 장식재로 쓰인다.

화산암은 분출된 마그마(용암)가 공기와 닿아 빨리 식어서 만들어진다. 빨리 식어 굳어 버리니까 결정이 만들어질 시간이 없어 결정의 크기가 작다. 유문암이나 현무암이 대표적인 화산암이다. 현무암에는 어두운 광물인 감람석, 휘석, 각섬석, 흑운모가 많아 색깔이 어둡고 결정이 매우 작아 정원석, 돌하르방, 맷돌로 쓰인다. 제주도 돌하르방은 현무암이다. 현무암은 구멍이 많은 데 이 구멍들은 공기가 빠져나간 자리이다.

인도네시아의 부석은 용암이 굳은 화성암인데 미쳐 공기가 빠져나가지 못한 채 바깥쪽이 굳어 돌 속에 공기가 들어 있다. 그래서 이 암석은 밀도가 물보다 작아서 물에 뜬다.

QUIZ 19

화성론자인 이 사람은 '현재 일어나는 있는 지질학적 과정들을 주의 깊게 관찰하면 과거에 일어났던 지질학적 현상들을 이해할 수 있다'고 주장함으로써 '현재는 과거를 푸는 열쇠'라는 유명한 말을 남겼다. 이 사람은 누구인가?

해설 허턴이 주장한 이 법칙은 동일과정설이라고 부른다. 허턴은 열네 살 때 영국 에든버러대학교에 입학해 법학을 공부했다. 대학에서 허턴은 산이 금속을 녹인다는 것을 알고 화학에 관심을 가졌다.

열 일곱 살에 대학을 졸업한 허턴은 법률사무소에서 조수로 일하며 틈틈이 화학실험을 했다. 그는 1년도 안 되어 법률사무소를 그만두고 화학과 가장 밀접한 학문인 의학을 공부하기로 결심해 1749년 9월 네덜란드에서 의학 박사학위를 취득했다.

ANSWER

19 허턴

이후 허턴은 각지를 여행하면서 지질학에 관심을 가졌다. 1752년과 1753년 사이 그는 잉글랜드 노포크에서 농부로 지냈고 그곳에서 백악(무르고 구멍이 많은 석회암으로 작은 조개 화석으로 만들어졌다.)속에 있는 플린트(단단한 석영입자)층을 발견했다. 일 년 후 그는 아버지로부터 물려 받은 버윅셔의 농장을 경영했다. 14년 동안 농사를 지으면서 그는 토양이 만들어지는 과정에 대해 연구했다.

1768년 에딘버러로 돌아간 허턴은 그곳에서 이산화탄소를 발견한 블랙과 경제학자 아담스미스와 토론 클럽인 오이스터 클럽을 만들어 일주일에 한번씩 저녁식사를 하며 다양한 주제로 토론했다. 점점 지질학에 관심이 깊어진 허턴은 영국 전역을 돌아다니며 암석과 지층에 대해 조사했다.

1785년 허턴은 에든버러 왕립협회에 동일과정설을 발표했다. 이 논문에서 허턴은 현재 지구에서 일어나는 현상은 엄청나게 긴 시간에 걸쳐 기본적으로 동일하게 진행되어왔다는 주장을 했다.

허턴은 화산은 지구 내부의 화성물질이 타오르며 엄청나게 팽창하는 현상이며 이 현상은 과거 지질시대에도 역시 일어났다고 제안했다. 그는 화산활동으로 지각 변동이 일어나 암석이 변형되고 지각이 휘어져 산맥이 만들어지고, 이때 지각으로 나오지 못한 마그마는 식어서 화강암이된다고 생각했다. 그는 변형된 지층은 기울어져 있어 침식이 일어나고 그 위에 다시 수평의 지층이 생기는 부정합이 일어날 수 있다고 주장했는데 그는 시카 포인트 서쪽 해안에서 부정합을 발견했다.

수성론자들은 허턴의 이론을 받아들이지 않았다. 수성론자인 아일랜드의 커원은 화강암이 마그마로부터 절대로 만들어질 수 없다며 그를 공격했다. 허턴은 수성론자들의 비판을 잠재우기 위해 책을 쓰기로 결심했다. 허턴은 1795년 동일과정설을 포함한 자신의 연구결과를 『지구의 이론』 1권, 2권을 통해 발표했다. 이 책의 3권은 그의 죽음으로 완결되지 못했다.

QUIZ 20

석회암에 압력을 가하면 대리석이 만들어진다는 것을 알아낸 사람은?

해설 스코틀랜드의 홀은 석회암에 커다란 압력을 가해 가열한 후 서서히 냉각시켜 대리석을 만들었다. 그는 또한 소금물과 모래를 함께 가열시켜 단단한 사암을 만들었다.

〈대리석〉

ANSWER

20 홀(1761–1832)

QUIZ 21

영국의 측량기사인 이 사람은 서로 다른 암석에서 동일한 화석이 발견되면 두 암석은 같은 시대의 것이라는 주장을 했다. 동물군 천이 법칙을 주장한 이 사람은 누구인가?

해설

〈스미스(William Smith 1769-1839)〉

18세기가 끝날 무렵 영국의 측량기사인 스미스는 수로 경로를 따라 파헤친 곳의 바위에서 똑같은 화석들이 발견되는 것을 목격하고 같은 화석을 가진 암석이 같은 시대를 나타낸다고 생각했다.

스미스는 지층을 통해 수직으로 내려가면 화석이 달라진다는 사실로부터 시대에 따라 사는 동물들도 달라진다는 것을 알아냈는데 이것을 동물군 천이의 법칙이라고 부른다.

ANSWER

21 스미스(William Smith 1769-1839)

QUIZ 22

화석을 통해 지질시대를 고생대, 중생대, 신생대의 세 부분으로 나눈 영국의 지질학자는?

해설 고생대는 오래된 생물이 살았던 시대로 처음으로 골격을 갖춘 생물이 등장한 5억 3천만 년 전부터 2억 5천만 년 전 까지를 말한다. 중생대는 2억 5천만 년 전부터 6500만 년 전까지를 말한다. 신생대는 6500만 년 전으로 현재까지를 말한다.

QUIZ 23

암모나이트 화석을 처음 발견한 사람은?

ANSWER

22 존 필립스 23 제임슨(Robert Jameson 1774-1885)

QUIZ 24

침강에 의해 대륙이 해저로 바뀔 수 있고 융기에 의해 해저가 대륙이 될 수 있다는 것을 처음 알아낸 사람은?

QUIZ 25

라이엘의 생각과 반대로 대륙은 언제나 대륙이었고 바다는 언제나 바다였다는 이론을 무엇이라고 부르는가?

해설 영원설의 대표적인 지지자로는 미국 예일 대학교의 다나가 있다. 그는 지구가 점점 냉각되면서 수축하고 있고 그 과정에서 지각에 주름이 생겨 거대한 산맥이 만들어진다고 주장했다.

QUIZ 26

방해석의 복굴절을 처음 발견한 사람은?

해설

ANSWER

24 라이엘 25 영원설 26 호이겐스

QUIZ 27

1620년 이 사람은 남아메리카와 아프리카의 대서양 연안이 닮았다는 것을 발견했다. 이 사람은 누구인가?

QUIZ 28

1666년 이 사람은 지구는 노아의 홍수이전에는 분리되어 있지 않다가 대륙의 일부분이 함몰하거나 대륙이 융기하면서 지금의 대륙과 바다가 만들어졌다고 주장했다. 이 사람은 누구인가?

QUIZ 29

오스트리아 빈 대학의 쥐스는 오스트레일리아, 인도, 아프리카가 과거에는 하나의 대륙이었다고 주장했다. 이 대륙의 이름은?

해설 지구가 냉각되면서 점점 수축해 지각의 변화가 이루어진다는 것을 수축설이라고 부른다. 수축설의 신봉자인 쥐스는 오스트레일리아, 인도, 아프리카가 과거에는 하나의 대륙인 곤드와나 대륙이었고 남반구에 있었다고 주장했다.

ANSWER

27 베이컨 28 플라세 29 곤드와나

그는 수축설을 이용해 곤드와나 대륙의 일부분이 좀 더 많이 냉각되어 가라앉으면서 그곳에 물이 고여 바다가 만들어지면서 세 대륙이 분리되었다고 생각했다.

쥐스는 알프스 산맥을 만들기 위해서는 1200킬로미터의 평평한 지각을 150킬로미터 범위로 찌그러 뜨려야 하며 이것은 1200도의 냉각에 해당된다는 것을 알아냈다. 쥐스의 생각은 방사능의 발견 이후 지구의 내부가 극적으로 냉각되지 않았다는 것일 알려지면서 올바르지 않다는 것이 밝혀졌다.

QUIZ 30

1858년 이 사람은 미국과 유럽의 식물 화석이 유사한 점으로 미루어 모든 대륙이 과거에는 하나로 붙어 있었다고 주장했다. 이 사람은 누구인가?

QUIZ 31

달이 태초에 지구에서 분리되었을 때 떨어져 나간 부분이 태평양이 되었다고 주장한 사람은?

ANSWER

30 스나이더 31 피셔

QUIZ 32

19세기 말 지질학자들은 서로 다른 대륙에 분포하는 생물의 유사성을 설명하기 위해 과거에 대륙과 대륙 사이에 이것이 있었다고 주장했다. 이것은 무엇인가?

해설 이 이론은 육교설이라고 부른다.

QUIZ 33

베게너 이전에 대륙이 이동한다고 주장한 사람은 누구인가?

해설 미국의 테일러는 1910년 대륙은 높은 부분이 중력 때문에 가장자리로 미끄러지고 지구의 자전 때문에 적도 방향의 힘이 있어 이 힘 때문에 산맥들이 만들어졌다고 생각했다.

QUIZ 34

대륙이동설을 주장한 독일의 기상학자는 누구인가?

ANSWER

32 육교 33 테일러 34 베게너

해설

〈베게너〉

베게너는 독일 베를린에서 고아원장의 아들로 태어났다. 그는 어릴 때부터 호기심이 많았다. 1905년 베를린대학교에서 천문학으로 박사학위를 받았다. 대학 시절 그는 몸에 천 한 조각만 걸치고 거리를 활보해 경찰에 체포되는 등 엽기적인 행동을 한 적도 있었지만 과학을 연구할 때만큼은 누구보다 진지한 자세로 임했다. 대학에서 그는 지구초기의 기후를 연구했고 1906년에는 극지방의 기후를 연구하기 위해서 그린란드를 탐사했다. 1910년 그는 세계지도를 보던 중 아프리카대륙의 서쪽 해안선과 과 남아메리카 대륙의 동쪽 해안선의 모습이 비슷하게 생겼다는 것을 알아냈다. 1911년 그는 대학 도서관에서 책을 뒤적거렸다. 그리고는 두 지역에서 같은 종류의 동물과 식물의 화석이 발견되었다는 사실을 알게 되었다. 그래서 그는 지도를 찢어 아프리카 대륙과 남아메리카 대륙을 맞춰 보았다. 놀랍게도 두 대륙의 해안선이 완벽하게 일치했다. 그래서 그는 아주 오래전에 두 대륙이 원래 하나의 대륙으로 붙어 있었다고 확신하게 되었다. 그는 지도에서 나머지 대륙도 잘라내어 아래 그림과 같이 붙여 보았다.

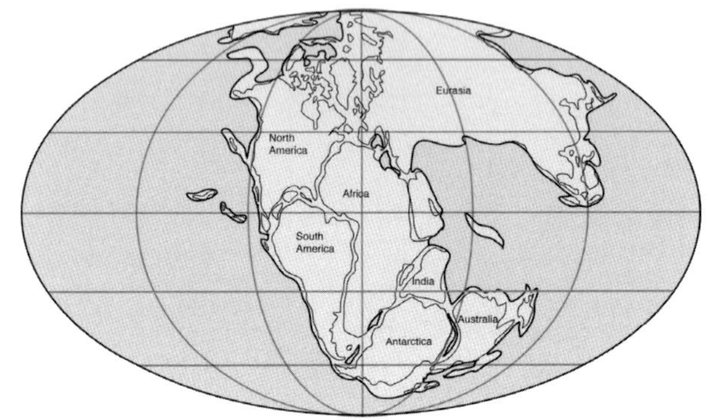

모든 대륙들의 해안선들이 비슷한 모양으로 달라 붙을 수 있다는 것을 알아낸 베게너는 과거에 모든 대륙이 서로 붙어 있었을 것이라고 생각하게 되었다. 그리고 2억 5천 만 년 전에 모든 대륙이 하나로 붙어 있다고 확신하게 되었다. 그가 이렇게 생각한 이유는 이 시기의 빙하 퇴적물들이 남아메리카, 아프리카, 인도, 오스트레일리아 등지에서 공통으로 발견되기 때문이다. 그는 아주 오래전 지금의 모든 대륙이 하나였을 때의 거대한 대륙을 판게아라고 불렀다. 판(pan)은 '모두'라는 뜻이고 게아(gaea)는 '땅'이라는 뜻이므로 판게아는 모든 땅이라는 뜻이다. 베게너는 판게아를 이루는 지역들이 오랜 세월을 통해 수천킬로미터를 천천히 이동해 서로 분리되어 지금의 대륙의 모습이 되었다고 주장했고 이 이론은 대륙이동설이라고 불리우게 되었다.

어떤 과정을 거쳐서 지금의 대륙이 만들어졌는지 좀 더 자세하게 알아보자. 2억 년 전 판게아는 두 개의 대륙으로 갈라졌다.

두 대륙 중 북쪽에 있는 것을 로라시아 대륙이라고 부르고 남쪽에 있는 대륙을 곤드와나 대륙이라고 부른다. 북쪽의 로라시아 대륙은 지금의 북아메리카와 유럽, 아시아가 되었고 남쪽의 곤드와나 대륙은 아프리카, 남아메리카, 인도, 호주, 남극이 되었다. 두 대륙 사이에는 테티스 해라는 바다가 있었다.
1억 3천 5백만 년 전 남쪽의 곤드와나 대륙에서 인도 대륙이 분리되어 북쪽으로 계속 움직였다. 6천 5백 만 년 전에는 현재와 비슷한 대서양의 모습이 만들어졌고 인도대륙은 적도를 지나 북쪽으로 올라갔다. 이 당시 오스트레일리아 대륙은 남극과 붙어 있는 상태였다. 시간이 더 지나 계속 북상하던 인도대륙은 아시아대륙과 충돌해 히말라야 산맥을 만들었고 오스트레일리아 대륙은 남극 대륙과 분리되었다. 또한 북아메리카 대륙은 유라시아 대륙에서 분리되어 남아메리카 대륙과 연결되었다. 이로써 지구는 현재의 대륙분포를 가지게 되었다.

대륙이동설에 의하면 지금도 대륙이 움직이고 있다. 아프리카 대륙은 지금도 북쪽으로 올라가고 있어 언젠가는 유럽대륙과 달라붙으면서 지중해는 사라질 것이다.
1915년 베게너는 대륙과 대양의 기원 『Die Entstehung der Kontinente und Ozeane』이라는 책에 대륙이동설에 대한 이야기를 실었다. 그는 이 이론을 뒷받침할 수 있는 증거를 모으기 위해 여러 책들을 조사했다. 그리고 비슷한 지층들이 아메리카 대륙과 아프리카 대륙과 같이 서로 멀리 떨어진 두 대륙에서 발견된다는 사실을 알 수 있었다.
베게너가 주장한 대륙이동설은 당시에는 많은 사람들에게 인정을 받지 못했다. 대부분의 과학자들은 그의 이론을 터무니없는 망상이라고 여기며 그를 공격했다. 하지만 그는 이에 굴하지 않고 대륙이동설의 증거를 더 많이 확보하기 위해 끊임없이 탐험했다. 그래서 그는 1912년, 1929년, 1930년의 3차례에 걸쳐 그린란드를 다시 탐험했다.

1930년 베게너는 대륙이동설의 증거를 찾기 위해 네 번째 그린란드 탐험에 나섰다. 그런데 그 탐험에서 사고가 일어났다. 탐험대의 썰매가 고장이 나서 기지에 있는 대원들에게 필요한 물건을 공급할 수 없게 된 것이었다. 그는 두 명의 대원과 함께 필요한 물건을 확보하기 위해 영하 65도에 이르는 추운 날씨에 40일 동안 썰매 여행을 했다. 그리고 그는 대원들에게 필요한 물품을 공급할 수 있었다. 그러나 그는 기지로 돌아오던 중 실종되었고 다음 해 차가운 시신이 탐사대에 의해 발견되었다. 아쉽게도 베게너가 살아 있는 동안 대륙이 이동하는 힘에 대해서는 알려진 바가 없었다. 베게너의 이론은 당시 과학자들의 지지를 받지 못했다가 1928년 영국의 지질학자 홈즈의 맨틀대류설이 나오고 1950년대 판구조론이 나오면서 베게너의 대륙이동설이 인정받게 되었다.

QUIZ 35

이 사람은 방사능을 이용해 지구의 나이가 약 45억 년이라는 것을 처음 알아냈다. 이 사람은 누구인가?

ANSWER

35 홈스

해설 홈스는 1890년 영국의 게이츠헤드에서 태어났다. 홈스는 게이츠헤드 고등학교에서 과학을 좋아했고 피아노에 재능이 있었다. 1897년 영국의 켈빈이 지구가 용융상태에서 냉각되었는 데 그 냉각속도를 계산하면 지구의 나이를 계산할 수 있다고 주장했다. 켈빈은 이 계산을 통해 지각이 2천 만년 전에 굳어졌다고 주장했다. 하지만 지질학자들은 지구의 나이가 켈빈이 계산한 것보다는 훨씬 더 오래 되었을 것이라 생각했다. 그후로도 수많은 지질학자들이 지구의 나이를 계산하는 방법을 제시했지만 인정받을 만한 이론은 없었다.

홈스는 어릴 때부터 지구의 나이에 대한 호기심을 가졌다. 홈스는 베크렐과 퀴리부부가 발견한 방사능 원소를 보며 방사능 원소가 방사선을 방출하면서 다른 원소로 바뀌는 방사능 붕괴를 이용하면 지구의 나이를 정확하게 구할 수 있다고 생각했다. 이 일을 하기위해 1907년 홈스는 런던 왕립과학 칼리지에 입학해 물리학을 공부했다.

대학을 졸업한 홈스는 다시 방사능 원소를 이용한 암석의 나이를 측정하는 문제에 빠져 들었다. 그는 노르웨이의 데본기 암석을 선택했다. 그 암석에는 17종의 방사능 원소가 포함되어 있었다. 우라늄은 방사선을 방출하면서 최종적으로는 더 이상 방사선을 내지 않는 납으로 변하므로 우라늄과 납의 비율을 계산하면 암석의 나이를 측정할 수 있다. 그는 이 방법으로 암석의 나이가 3억 7천만 년 된 것임을 알 수 있었다. 그는 이 방법으로 다른 많은 암석의 나이를 조사했는데 그 중 가장 오래된 것으로는 16억 4천만 년 된 것도 있었다. 그는 이 방법을 통해 지구의 나이가 대략 45억 년 정도라고 주장했다. 그는 지구의 나이와 이를 측정하는 방법을 수록한 『자연지질학의 원리』라는 책을 출간했다. 이 책은 출간과 동시에 베스트셀러가 되었다. 이 책은 20년 동안 무려 18차례나 재판 인쇄될 정도로 대중의 인기를 끌었다.

1948년 홈스는 건강이 나빠져 아일랜드에서 요양을 하다가 다시 에딘버러 대학으로 돌아왔다. 그는 방사능 원소를 이용해 아프리카 대륙의 지질도를 완성하는 등 활발하게 연구를 했지만 점점 심장이 약해져 1956년에는 대학을 퇴직해야만 했다. 그는 지구의 나이를 정확하게 계산한 최초의 지질학자로 울러스턴 메달, 펜로즈 메달, 베틀레슨 상등 최고의 지질학자에게 주는 상을 수상했다. 1965년 베틀레슨 상을 받기 위해 콜롬비아로 가려던 그는 결국 수상식에 가지 못하고 기관지 폐렴으로 사망했다.

QUIZ 36

지진파에는 P파와 S파의 두 종류가 있다. 두 지진파의 차이를 설명하라.

해설 지진이 발생하면 그 충격으로 지진파가 만들어지는 데 이때 두 종류의 지진파가 만들어진다. 두 종류의 지진파는 진폭이 작은 P파와 진폭이 큰 S파이다. P파와 S파는 진원에서 동시에 발생하지만 P파가 S파보다 빠르기 때문에 P파가 먼저 도착하고 나중에 S파가 도착한다. P파의 진행속도는 초속 8km 정도이고 S파의 진행속도는 초속 4km 정도이다. 또한 P파는 고체 액체 기체를 모두 지나갈 수 있지만 S파는 고체만 통과할 수 있다.

QUIZ 37

맨틀을 발견한 사람은?

해설 사과처럼 지구속도 성질이 다른 몇 개의 층으로 나뉘어져있다. 그것은 지각, 맨틀, 핵이다. 이 사실을 처음 알아낸 사람은 유고의 지질학자인 모호로비치치이다.

ANSWER

37 모호로비치치

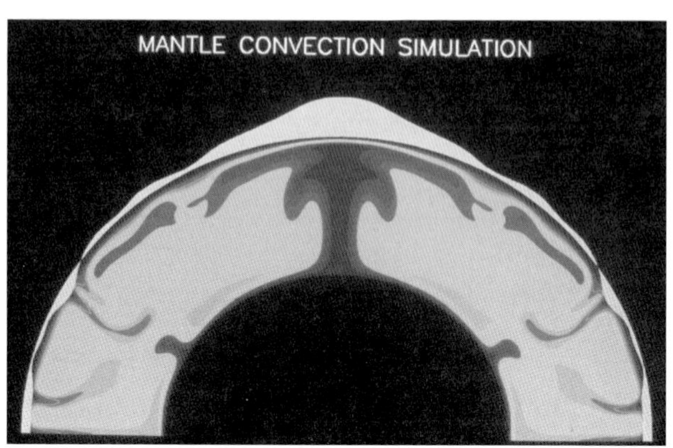

1909년 모호로비치치는 그리스에서 발생한 지진을 조사하고 있었다. 진원은 그리 깊지 않은 곳이었다. 그래서 지진파는 금방 진앙에 전해졌다. 이 지진은 진앙에서 아주 멀리 떨어진 곳에서도 관측되었는 데 이상한 점이 있었다.

모호로비치치는 진앙에서 먼 곳에서 지진이 관측된 시각이 예상보다 빠르다는 것을 알아냈다. 그래서 그는 지진파가 어느 깊이부터는 갑자기 빨라진다는 걸 알아냈다.

단단한 막대를 때리면 파동이 더 빨리 전해진다. 그러니까 모호로비치치가 발견한 그 깊이서부터는 좀 더 단단한 물질들로 이루어져 있다. 이 깊이를 경계로 바깥쪽을 지각, 안쪽을 맨틀이라고 한다. 즉 지진파가 느린 곳이 지각, 빠른 곳이 맨틀이다. 지각과 맨틀의 경계는 처음 발견한 모호로비치치의 이름을 붙여 모호로비치치면 또는 모호면이라고 부른다.

지각은 대륙이 있는 대륙지각과 바다가 있는 해양지각으로 나뉘는데 대륙지각의 두께는 35km 정도이고 해양지각의 두께는 5km 정도이다.

QUIZ 38

지구의 핵을 발견한 사람은?

해설 구텐베르크는 지구 속 2900km 지점부터 맨틀과 다른 물질로 구성된 지역이 존재한다는 것을 발견했다. 그는 지진파를 이용해 깊이 2900km 아래에 액체 상태의 물질이 있다는 사실을 알아냈다. 이곳은 외핵이라 부르는 곳이고 외핵의 안쪽에는 다시 고체 상태의 내핵이 있다. 2900km부터 5100km까지는 외핵이고 5100km부터 지구 중심까지는 내핵이다. 맨틀과 핵의 경계는 구텐베르크면이라고 부른다.

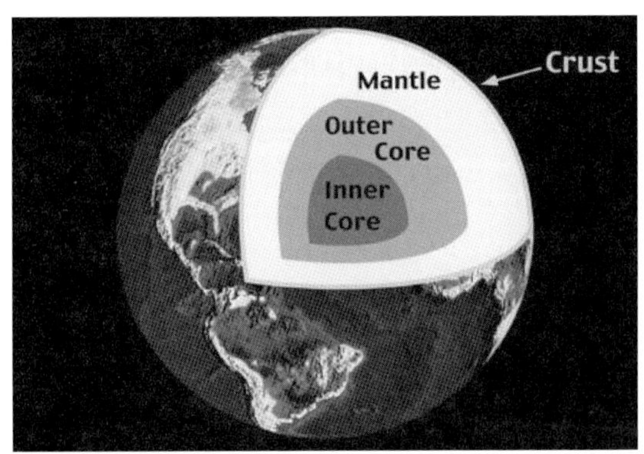

외핵은 철과 니켈로 이루어져 있는데 온도가 높아 이들이 액체 상태로 존재하여 빙글빙글 돌고 있다. 니켈과 철은 금속이므로 자유전자를 많이 가지고 있는데 자유전자들이 회전하면서 원형의 전류를 만들어 냄으로 그 중심에 자기장이 생기게 된다.

ANSWER

38 구텐베르크

이때 자기장의 방향은 남쪽이 N극이고 북쪽이 S극이다. 따라서 지표에 있는 자석은 N극이 지구 속 자석의 S극을 향하는 방향을 가리키므로 북쪽을 나타내게 된다. 그러므로 외핵이 회전하지 않으면 전류가 안 생겨 자기장이 사라진다. 그렇게 되면 태양에서 지구로 들어오는 아주 큰 에너지를 가진 입자들을 막지 못하게 되므로 지구의 모든 생명체는 죽게 된다.
지각이 맨틀 위에 떠있으려면 지각의 밀도가 맨틀의 밀도보다 작아야한다. 마찬가지로 맨틀의 밀도는 핵의 밀도보다 낮다.

QUIZ 39

지진의 크기를 숫자로 나타낸 사람은 누구인가?

해설 리히터는 지진의 규모를 다음과 같이 숫자로 나타냈다.

- 리히터 규모

0 … 가장 약한 지진
1 … 기계에서만 관측되는 지진
2 … 진앙에서만 약하게 느껴지는 지
3 … 진앙근처에서만 느껴지지만 거의 피해가 없는 지진
4 … 진앙에서 먼 곳에서도 느껴지는 지진
5 … 피해를 주기 시작하는 지진
6 … 파괴적인 지진

ANSWER

39 리히터

7 … 피해가 큰 지진
8 … 굉장히 피해가 큰 지진

리히터 규모는 각 숫자 사이의 규모를 소수 첫째자리 까지 나타낸다. 리히터 규모 2인 지진은 리히터 규모 1인 지진의 두 배의 피해를 주는 것이 아니라 10배의 피해를 준다. 리히터 규모는 로그함수로 정의되기 때문에 숫자가 1 올라갈 때마다 지진의 규모는 10배가 커지기 때문이다. 그러니까 리히터 규모 2인 지진은 리히터 규모 1인 지진의 10배, 규모 3인 지진은 규모 1인 지진의 100배이다.

QUIZ 40

대륙이동의 원인이 맨틀의 대류라고 주장한 사람은 누구인가?

해설 홈스는 지구의 나이뿐 아니라 베게너의 대륙이동설에도 관심이 많았다. 그는 방사능이 지구 내부에 열을 만들어 내고 이로 인해 맨틀에 대류가 생긴다고 생각했다. 그는 맨틀의 대류로 인해 지각의 어떤 부분은 갈라지기도 하고 어떤 부분은 충돌하기도 한다고 생각했다.

ANSWER

40 홈스

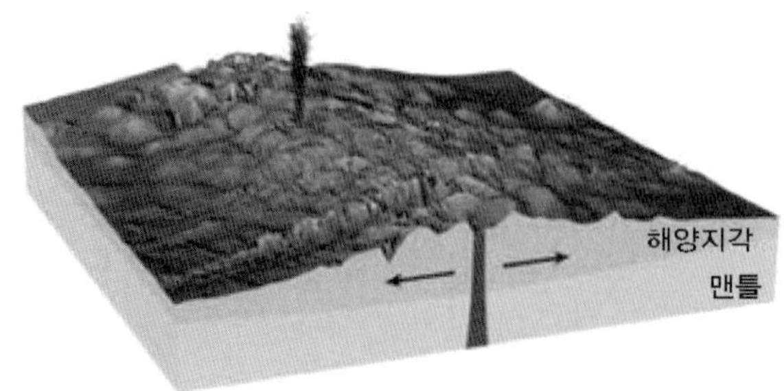

1930년 홈스는 맨틀의 대류로 인해 판게아 사이가 분리되어 두 개의 대륙이 되고 다시 두 대륙이 더욱 분리되어 지금의 모습이 되었다고 주장했다. 그는 대륙이 매년 5센티미터씩 움직인다고 주장했다.

QUIZ 41

해저확장설을 주장한 사람은?

해설

〈헤스〉

ANSWER

41 헤스

헤스는 1906년 미국의 뉴욕에서 태어났다. 그의 어릴 때 별명은 꼬마 해군제독이었다. 그는 1923년 미국 예일 대학에서 전기공학을 공부하다가 지질학으로 전공을 바꾸었다. 졸업 후 그는 광산회사에 취직했다가 좀 더 공부하기 위해 프린스턴 대학원에 들어가 지질학을 공부했다.

1931년 헤스는 서인도제도와 바하마에서 바다의 중력을 조사하던 중 이곳의 중력이 당초 예상했던 것보다 훨씬 작다는 것을 발견했다.

그 후 헤스는 미 해군에 입대해 잠수함에서 해양의 중력을 측정하는 일을 맡았다. 이차 세계 대전 중 헤스는 멕시코 만류와 찬 해류가 만나는 미국의 동부 해안에는 안개와 구름이 자주 끼기 때문에 독일군의 U 보트가 숨어 있을 가능성이 높다고 주장해 독일 해군의 공격을 막을 수 있었다. 헤스는 해군에 있는 동안 음파를 이용해 바다의 깊이를 측정하는 일을 했고 태평양의 넓은 범위에 대해 바다의 깊이를 조사했다.

1960년 헤스는 맨틀의 대류에 의해 해저에 해령(해저산맥)이 생긴다는 것을 알아냈다. 그는 해령의 화산활동으로 화산 분출물들이 해령의 양쪽으로 퍼져나가면서 대륙을 밀어낸다고 생각했다. 그는 이 운동으로 인해 두 대륙이 멀어진다고 생각했다. 그는 대서양이 매년 2센티미터씩 커지고 있다고 주장했다. 대서양이 넓어지는 속도로부터 그는 대서양이 만들어지는데는 2억만 년이 걸렸다고 주장했다.

헤스는 또한 맨틀대류에 의해 어떤 해저지각을 위로 치솟아 해령이 되지만 반대로 얇은 해양지각이 두꺼운 대륙지각의 가장자리 밑으로 밀려들어가 그 아래 맨틀로 다시 들어갈 수 있다는 것을 알아냈다. 해저지각이 밀려들어간 자리는 바다의 깊이가 깊어지는 데 이곳을 해구라고 부른다.

헤스의 해저확장설에 따르면 대서양은 점점 넓어지고 태평양은 점점 좁아져 아메리카 대륙과 아시아 대륙이 충돌해 초대륙이 만들게 된다.

QUIZ 42

맨틀의 위쪽에 암석권이라 불리는 약 100km 정도 두께의 지구 표면이 10여 개의 이것으로 나뉘어져 있고 이것들은 서로 멀어지기도 하고 가까워지기도 하면서 대륙을 이동시키고 지진이나 화산을 일으킨다. 이것은 무엇인가?

해설 판구조론은 지구 내부가 단단한 고체로만 되어있다고 생각한 과학자들에게 지구 내부에 움직일 수 있는 연약권이 있다는 새로운 사실을 알려주었다.

대륙이동은 바로 맨틀의 대류 때문에 생긴다. 대륙은 지각위에 있고 지각은 맨틀 위에 떠있다. 지각에는 두께가 얇은 해양지각과 두꺼운 대륙지각이 있고 이 지각은 거대한 판 위에 붙어있다.

그런데 이 판들이 맨틀을 완전히 덮고 있지 않다. 맨틀위에 떠있는 판은 하나의 판이 아니라 몇 개의 판으로 이루어져 있고 판의 두께는 약 100킬로미터 정도이다.

ANSWER

42 판

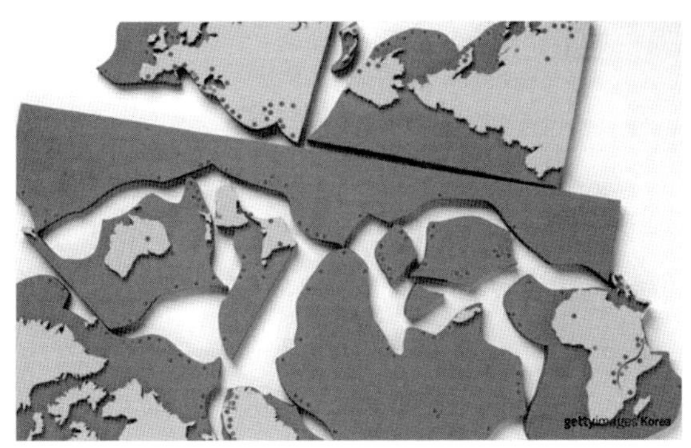

큰 스티로폼을 몇 개의 조각으로 잘라 목욕탕에 띄워 놓으면 스티로폼 조각들이 목욕탕 위를 이리저리 떠다닌다. 목욕탕의 물을 맨틀로 스티로폼 조각을 판으로 생각하면 된다. 이렇게 스티로폼 조각들이 완전히 물을 뒤덮지 못하면 조각들이 물 위에서 이리 저리 움직일 수 있듯 맨틀의 대류에 의해 판들이 이리 저리 움직이므로 판 위에 있는 대륙이 이동한다.

이렇게 판들이 움직이다 보면 두 판이 서로 만나는 수도 있다. 예를 들어 인도 대륙이 붙어 있는 인도 판과 아시아 대륙이 붙어 있는 아시아 판은 서로 다른 판인데 인도 판이 북상해서 아시아 판에 달라붙었다. 그때의 충돌로 찌그러져 올라간 부분이 바로 히말라야산맥이다. 이렇게 산맥이 만들어지는 과정을 조산운동이라고 부른다.

지진이 일어나는 것도 판에 의한 운동으로 설명할 수 있다. 판과 판이 충돌하거나 붙어 있던 두 개의 판이 분리되면서 주위에 커다란 진동이 생긴다. 이 진동이 점점 퍼져 나가 지표를 진동시키는 것이 지진이다. 이렇게 베게너의 대륙이동설과 판구조론은 우리가 사는 지구에서 대륙의 운동을 기술하는 데 가장 중요한 역할을 했다.

QUIZ 43

성층권을 발견한 사람은 누구인가?

해설 프랑스의 드보르는 온도계를 실은 풍선을 이용해 지상으로부터 10킬로미터까지는 위로 올라갈수록 온도가 내려가지만 10킬로미터 이상부터는 온도가 올라갈수록 내려간다는 것을 알아냈다. 그래서 10킬로미터를 경계로 대기층이 두 개의 서로 다른 영역으로 나뉘어지는데 아래쪽은 대류권, 위쪽은 성층권이라고 불렀다. 그후 성층권은 다시 중간권과 열권으로 분리되어 지구의 대기층은 다음과 같이 네 부분으로 나뉘어졌다.

- 대류권 : 지표~지상 10km까지
- 성층권 : 지상 10km~지상 50km까지
- 중간권 : 지상 50km~지상 80km까지
- 열 권 : 지상 80km이상

대류권의 특징은 다음과 같다.

- 올라갈수록 온도가 내려간다.
- 대류현상이 일어난다.
- 수증기가 있어 눈, 비와 같은 기상현상이 일어난다.
- 전체 대기의 70내지 80%가 모여 있다.

ANSWER

43 드 보르(1855–1913)와 애스만(1845–1918)

성층권은 공기가 희박하다. 성층권은 대류권에 비해 기상현상이 덜 생기기 때문에 비행기항로로 이용된다. 성층권의 위로는 중간권이 있다. 중간권에서는 다시 위로 올라갈수록 기온이 내려간다. 중간권 위로는 열권이다. 이곳은 지표로부터 너무 멀어 공기가 거의 없다.

QUIZ 44

성층권에서 위로 올라갈수록 온도가 올라가는 것은 높이 25km에서 30km 사이에 이 원소가 있기 때문이다. 지구로 들어오는 자외선을 흡수하는 이 원소는 무엇인가?

해설 성층권 속에는 오존이 모여 사는 오존층이 있다. 오존은 태양에서 오는 자외선을 흡수하여 뜨거워진다. 오존층은 지표로부터 높이 25km에서 30km까지인데 오존이 많은 성층권은 위로 올라갈수록 뜨거워진다.

QUIZ 45

이것은 태양에서 날아온 전기를 띤 입자가 열권의 희박한 공기와 충돌하여 빛을 내는 현상이다. 이것은 무엇인가?

ANSWER

44 오존　45 오로라

QUIZ 46

화산이 일어나는 이유는?

해설 화산은 맨틀 속의 마그마가 지각의 약한 곳을 뚫고 튀어나오는 것이다. 마그마는 고체 상태이지만 너무 뜨거워서 암석들이 녹아 마치 액체처럼 보인다.

용암과 마그마는 같은 물질이지만 화산 안에 있으면 마그마라고 하고 분화구 밖으로 흘러나오면 용암이라고 부른다. 용암은 상상할 수 없을 정도로 뜨겁다. 용암의 온도는 800도에서 1200도이다.

대부분의 용암은 그리 빠르지 않다. 대개 시속 몇 km 정도로 느린 편이므로 충분히 뛰어서 도망칠 수 있다. 하지만 어떤 경우는 자동차보다 빠르게 흐를 때도 있다. 1977년 콩고공화국의 나랑공고 화산이 폭발했을 때 흐른 용암의 속도는 시속

100km였다. 또한 가장 길게 흐른 용암은 1783년 아이슬란드의 리키화산이 폭발했을 때 흐른 70km가 최대이다. 또 가장 오랫동안 용암이 흐른 것은 하와이의 킬라우에아 화산 폭발때이며 1972년 2월부터 1974년 7월까지 용암이 흘렀다.

마그마 속에는 기체들이 포함되어 있다. 마그마가 자꾸 지각과 부딪치면 압력이 커진다. 마그마 속에 포함된 기체의 압력이 점점 증가하다가 지각이 약해 이 압력을 견디지 못하면 마그마와 기체가 함께 분출하는 데 이것이 바로 화산이 생기는 이유이다.

화산의 분화에는 두 종류가 있다. 마그마의 점성이 크고 기체를 많이 포함하고 있어 순식간에 폭발하는 것을 폭발성 분화라고 하고 점성이 작고 기체가 빨리 빠져나가 조용히 폭발하는 것을 비폭발성 분화라고 한다.

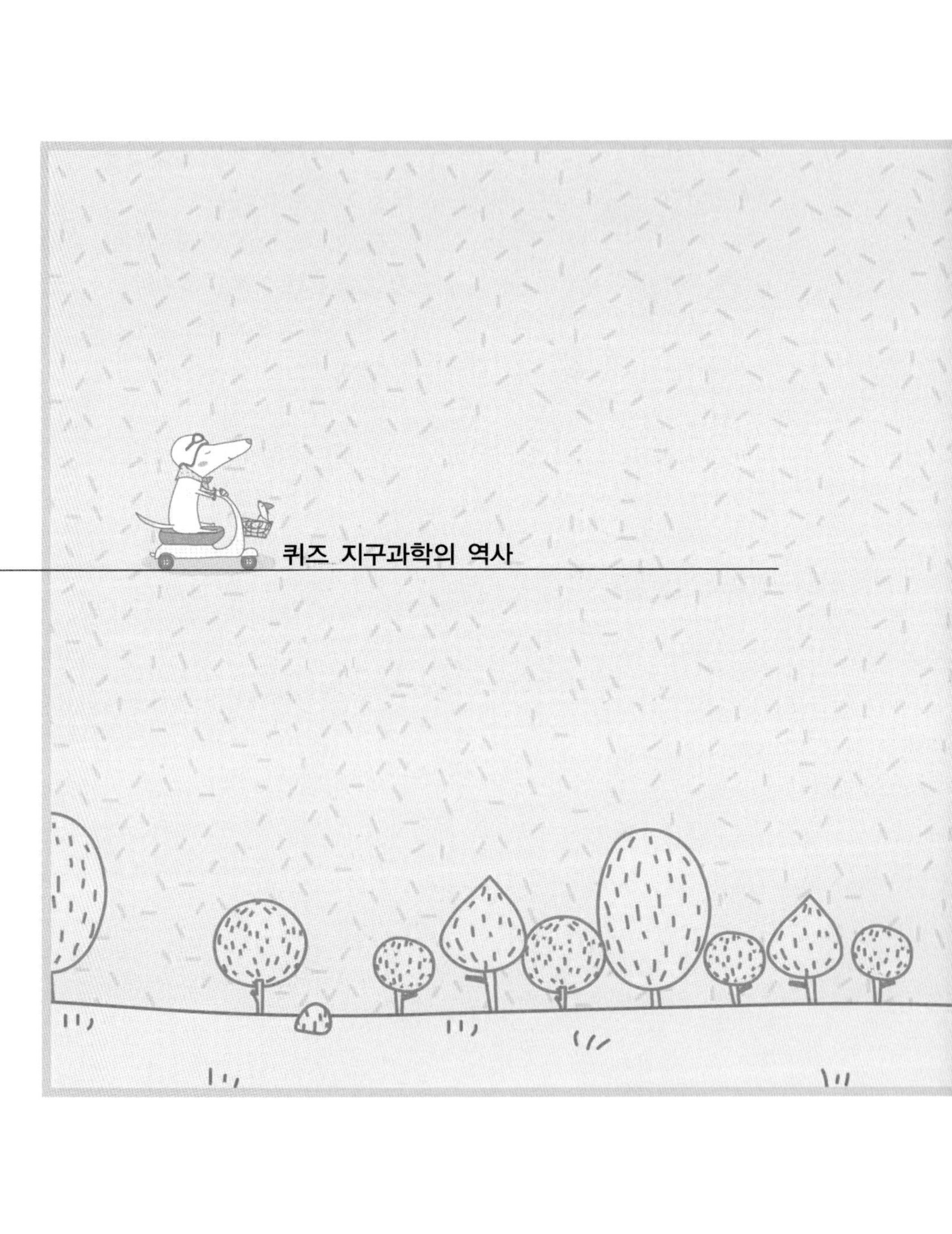

퀴즈 지구과학의 역사

제 2 부

해양학의 역사

QUIZ 01

대서양이라는 이름은 누가 처음 사용했는가?

해설 기원전 450년 경 그리스의 탐험가 헤로도토스가 페르시아만의 규칙적인 조류를 연구하던 중 유럽의 서쪽 바다를 대서양이라고 불렀다.

QUIZ 02

기원전 4세기 경 밀물과 썰물 현상이 달 때문에 생긴다고 주장한 사람은?

QUIZ 03

기원전 4세기 에게해의 해양생물 100여 종을 연구하고 고래가 포유류라는 것을 처음 알아낸 사람은?

QUIZ 04

기원전 360년 그리스의 철학자 플라톤은 과거에는 대서양에 문명이 발달한 거대한 대륙이 있었지만 지금은 바다에 잠겨 볼 수 없다고 주장했다. 이 대륙의 이름은 무엇인가?

ANSWER

01 헤로도토스 02 파테아스(Patheas) 03 아리스토텔레스 04 아틀란티스

해설 플라톤은 헤라클레스의 기둥(현재의 지브롤터 해협) 서쪽에 하나의 거대한 대륙이 있었다고 주장했다. 그는 이 대륙의 이름을 아틀란티스라고 불렀다. 플라톤은 큰 규모의 지진과 해일이 일어나, 하룻밤 사이에 아틀란티스는 바다 속으로 가라앉아 버렸다고 주장했다.

QUIZ 05

그린랜드를 최초로 발견한 사람은?

해설 붉은 털의 에릭이라는 별명을 가진 에릭 토르발드손은 바이킹을 이끌고 아이슬랜드 북쪽에 있는 그린랜드를 발견했다.

ANSWER

05 에릭 토르발드손(Erik Thorvaldsson 950-1003)

QUIZ 06

아프리카 최남단의 곶을 희망봉이라고 부른다. 희망봉을 최초로 발견한 사람은 누구인가?

해설 1488년 포르투갈의 항해가 디아스가 아프리카 대륙의 남쪽 바다를 항해하던 중 배가 폭풍으로 떠내려가 이 곶을 발견했다. 디아스는 이곳을 돌아 동쪽으로 배를 몰아 인도로 가는 항로를 확인하길 원했지만 선원들의 반대에 부딪혀 포기했다. 그는 폭풍 속에서 발견한 곶이므로 이곳을 '폭풍의 곶'이라 이름 붙였다. 포르투갈로 돌아와 국왕에게 이 발견에 대해 보고하자, 인도로 갈 수 있는 희망을 주는 곳이라며 '희망봉'이라 이름 붙였다.

ANSWER

06 디아스

험한 날씨와 거친 앞바다로 유명한 이 곳은 인도양에서 흘러온 모잠비크-아굴라스 난류와 남극해에서 오는 벵겔라 한류가 만나는 지점이기도 하다.

QUIZ 07

최초로 대서양을 건너서 서인도제도와 남아메리카 대륙을 발견한 사람은?

해설 콜럼버스는 이탈리아의 항구 도시인 제노바에서 직조공의 아들로 태어났다. 유럽에서도 손꼽히는 제노바는 베니스와 더불어 지중해 항로의 중심지를 이루고 있었다. 제노바는 크리스토퍼 콜럼버스가 태어나기 5백여 년 전부터 번성한 무역 항구였다.

ANSWER

07 콜럼버스(이탈리아 1451~1506)

콜럼버스는 수평선 너머에 있을 미지의 세계를 탐험하는 훌륭한 항해가가 되기로 결심하고 지리학과 천문학을 공부하기 시작했다.

콜럼버스는 가톨릭 신자이면서도 지구가 둥글다는 것을 굳게 믿어, 서쪽으로 계속 항해하면 동양에 도착할 수 있다고 확신했다. 그리고 항해 자료를 바탕으로 계획을 세웠다. 콜럼버스는 항해왕으로 이름 높았던 엔리케 왕자의 영향을 많이 받아 포르투갈의 리스본으로 건너갔다.

콜럼버스는 1479년에 결혼해 장인이 선장이었기 때문에 해도 제작에 종사했다. 그는 수학자 토스카넬리에게 지도를 구해 연구한 결과 서쪽으로 항해하면 인도에 도달할 수 있다는 확신을 굳히고 오랜 연구와 계획을 포르투갈 국왕에게 설명했다. 하지만 국왕에게 거절당해 콜럼버스는 에스파냐로 건너갔다. 그리고 그 곳에서 이사벨라 여왕의 도움을 받아 탐험 길에 오르게 되었다.

콜럼버스는 우선 산타마리아 호, 핀타 호, 니냐 호 등 3척의 배를 구했다. 산타마리아 호는 길이 30m의 범선이고, 나머지는 작은 범선이었다.

1492년 8월 3일, 드디어 3척의 범선에 120명의 사람을 태우고 팔로스의 한 항구를 출발했다. 항해를 하는 동안 콜럼버스의 적은 사나운 파도와 낯선 풍토 등 수없이 많았지만 이러한 모든 어려움을 이겨 내고, 팔로스를 떠난 지 69일 만인 1492년 10월 12일, 아직 아무도 온 적이 없는 새로운 육지에 닿을 수가 있었다. 이곳은 현재 바하마 제도의 한 섬이다. 이어 콜럼버스는 쿠바와 히스파니올라를 발견해 이곳을 인도의 일부라고 생각하고, 히스파니올라 섬에 약 40명을 남겨 놓고 이듬해인 1493년 3월에 귀국했다.

17척의 배에 1500명을 태운 대 선단에 의한 2차 항해는 콜럼버스의 선전에 따라 금을 캐러 가는 사람들이 대부분이었다. 항해를 시작한 지 50일쯤 지나 선단은 무사히 서인도에 도착했다. 콜럼버스는 도미니카 섬이나 푸에르토리코 섬 등 새로운 섬들을 차례로 발견하면서, 앞서 항해 때의 선원들이 남아 있는 히스파니올라에 도착했다. 그러나 선원들 모두를 전멸하고 없었다. 2차 항해를 마치고 돌아왔을 때, 콜럼버스는 인디언을 학대했다는 죄로 문책을 받기도 했다.

3차 항해에서는 트리니다드와 오리노코 강 하구를 발견했다. 그러나 히스파니올라에서 일어난 내부 반란으로 그의 행정적 무능이 문제가 되어 본국으로 송환되었다.

콜럼버스는 얼마 후, 죄가 풀려 또 다시 항해를 했다. 이때 콜럼버스는 유럽인으로는 처음으로 남아메리카 대륙을 발견했다. 그러나 콜럼버스는 그것이 아메리카 대륙인 줄을 모르고, 역시 인도의 섬들 중 하나로 굳게 믿었다.

콜럼버스가 죽은 후에, 아메리고 베스푸치라는 이탈리아 사람이 포르투갈 왕의 부탁을 받고, 항해를 떠나 남아메리카의 베네수엘라에서부터 브라질까지 탐험하고 이곳이 인도가 아니라 새로운 대륙이라는 것을 알아냈다. 그 후 이 대륙은 아메리고의 이름을 따서 아메리카라고 불리게 되었다.

QUIZ 08

포르투갈에서 희망봉을 돌아 인도를 항해하는 항로를 처음 개척한 사람은?

QUIZ 09

태평양이라는 이름을 처음 사용한 사람은?

ANSWER

08 바스쿠 다가마 09 마젤란(에스파냐 1480?~1521)

최초로 세계 일주를 한 사람은?

해설 1519년 8월 10일, 270여 명의 탐험대원을 태운 5척의 범선이 에스파냐의 한 항구를 떠나 대서양의 서쪽을 향하여 출범했다. 선대의 대장은 마젤란이었다.

마젤란은 서쪽으로 항해한 지 2개월이 걸려, 남아메리카 대륙의 동쪽 해안에 도착했다. 마젤란은 이곳에서 남쪽으로 내려간다면 어디엔가 끊어진 곳이 있어 동양으로 갈 수 있을 것이라 생각했다. 그러나 아무리 내려가도 끊어진 곳이 발견되지 않았다.

마젤란은 철수하자는 대원들을 설득하여 앞으로 전진했다. 그러나 태풍을 만나 산티아고 호가 침몰하였고, 더욱이 남반구의 냉엄한 추위와 싸워야만 했다. 만에서 겨울을 보낸 후, 4척이 된 선대는 다시 남쪽으로 나아가기 시작했다. 며칠 후, 파수를 보던 대원이 한 수로를 발견했다. 대원들은 '와'라고 환성을 올렸는데 바로 이 수로가 지금의 마젤란 해협이라 불리는 해협이다. 그런데 해협의 중간에서 산 안토니오 호는 도망쳐 에스파냐로 돌아가 버렸고 또 한 척의 배는 바다에 가라앉았으며, 선장들의 반란도 일어났다. 마젤란은 곧 반란을 진압하고 계속 항해했다.

ANSWER

10 마젤란

3척의 배가 해협을 넘자, 넓은 바다가 펼쳐져 있었다. 마젤란은 이 바다를 태평양이라 이름 붙였다. 끝없이 푸른 바다는 하늘과 이어지고, 대원들의 식량도 점점 줄어들었다. 이렇게 태평양을 나아가기 98일, 마리아나 제도의 한 섬에 도착했다. 마젤란은 이곳에서 장작과 물을 싣고 필리핀 세부 섬으로 갔다. 섬사람들의 사소한 분쟁에 말려든 마젤란은 화살에 맞아 죽었다. 그때가 1521년 4월 27일, 아직 41세의 한창 때였다. 마젤란을 잃은 대원들은 빅토리아 호에 타고, 아프리카의 남쪽 끝을 돌아 에스파냐의 항구로 돌아왔다. 마침내 최초의 세계 일주 항해를 완수한 것은 1522년 9월 6일이었다. 마젤란의 노력으로 지구가 둥글다는 것이 처음으로 입증되었다.

QUIZ 11

깊은 바다 속에도 생물이 살 수 있다는 것을 처음으로 알아낸 사람은 누구인가?

ANSWER

11 톰슨

해설 톰슨은 1830년 스코틀랜드에서 태어났다. 그는 열 여섯 살의 어린 나이에 의과대학에 입학했고 1831년에 에버딘 대학교에서 식물학을 가르치다가 1853년에는 북아일랜드의 퀸스칼리지에서 자연과학 교수가 되었다.

톰슨이전에 사람들은 깊은 바다에는 생물이 살수 없다고 믿었다. 스코틀랜드의 박물학자 포브스는 550미터 이하의 바다에서는 기온이 너무 낮고 어둡고 수압이 높아 생물이 살 수 없다고 주장했다.

1866년 톰슨은 노르웨이의 오슬로로 향하던 배의 갑판위에서 죽어서 떠내려 오는 생물체를 보면서 혹시 깊은 바다에도 생물이 살고 있지 않을까 고민했다. 그는 런던대학의 카펜터 교수와 함께 이 의문을 풀어보고자 했다. 1868년 두 사람은 증기선 라이트닝 호를 타고 수심 550미터 이하에 사는 생물을 채집하는 데 성공했다. 이 후 두 사람은 포큐파인 호를 타고 약 4400미터 이하에 사는 생물을 채집했다. 1873년 톰슨은 이 내용을 〈심해〉라는 논문으로 발표했다.

톰슨은 심해 생물에 대한 연구뿐 아니라 바다속의 수온에 대한 관측도 했다. 그는 같은 수심이라고 해도 지역에 따라 수온이 다르다는 것을 처음 알아냈다.

톰슨은 영국 해군의 챌린저호를 타고 1872년부터 1876년 사이에 바다의 수심과 수온을 측량했고 바다속 플랑크톤의 분포에 대한 조사를 했다. 이 탐사를 통해 그는 4717종의 새로운 생물을 발견했고 수심에 대한 데이터를 분석해 바다속 지도를 만들었다.

QUIZ 12

바다 속에도 산맥이 있는데 이것을 대양저산맥이라고 부른다. 대양저란 바다 바닥을 일컫는다. 대양저 산맥중에서 가장 긴 산맥은 무엇인가?

해설 대서양 대양저 산맥은 대서양의 대양저에 남북방향으로 놓여있는 해저산맥으로 아이슬란드에서 남극에 이르는 지구에서 가장 긴 산맥이다.

QUIZ 13

세계 최초의 해양학 연구를 위한 선박의 이름은?

해설 1882년 미국 수산위원회는 해양학 연구를 위해 이 배를 만들었다.

ANSWER

12 대서양 대양저산맥 13 앨버트로스

QUIZ 14

이 사람은 북극해의 해류와 북극해의 수심에 대해 연구해 북극해가 사람들이 생각한 것보다 깊다는 것을 처음 알아냈다. 그는 북극해의 유빙의 이동방향이 지구의 자전과 관련 있다는 것을 알아냈다. 해양학자이면서 노벨평화상을 받은 이 사람은 누구인가?

해설

〈난센〉

난센은 1861년 노르웨이의 오슬로 근교에서 태어났다. 어릴 때부터 삼림지대와 피요르드를 놀이터로 삼았던 난센은 스키를 잘 타 스키 대회에서 여러 번 우승했다.

1880년 난센은 크리스티아나 대학(현재의 오슬로 대학)에서 생물학을 연구했다. 1882년 그는 교수의 추천으로 스피츠베르겐(그린란드 동쪽의 섬)으로 향하는 배를 탔는데 이것이 난센의 첫 항해였다.

ANSWER

14 난센

대학을 졸업한 난센은 노르웨이 서부 해안에 있는 베르겐 박물관에 취직했다. 이곳에서 그는 해양생물을 현미경으로 관찰하고 각각의 표본을 분류하는 일을 했다.

1883년 난센은 스키를 타고 그린란드를 탐사하기로 결정했다. 그는 덴마크 사업가 감멜의 후원을 받아 다섯 명의 대원과 함께 그린란드로 출발했다. 난센은 두 달 동안 그린란드의 동쪽에서 서쪽까지를 처음으로 횡단해 그린란드 전체가 눈으로 뒤덮여 있다는 것을 처음으로 알아냈다. 그는 이 탐사 기록을『스키를 타며 그린란드를 횡단하며』라는 책으로 펴냈다.

난센은 또한 시베리아에서 시작해 북극해를 통과해 그린란드로 흐르는 해류가 존재한다고 믿었고 프램호를 타고 해류의 존재를 확인하기로 결심했다. 6년 동안의 탐사 끝에 난센은 해류의 존재를 확인했다.

난센은 프램호를 떠나 북극점에 도전했다. 북극점으로 향하는 여정에서 그는 북극해의 수심이 생각보다 깊다는 것을 알아냈고 유빙이 바람이 부는 방향으로 흘러가지 않고 그 방향에서 45도 오른쪽 방향으로 흐른다는 것을 발견하고 이것이 지구의 자전 때문에 생기는 효과라고 생각했다. 그의 생각은 훗날 에크만이 수학적으로 증명해 사실로 판명되었다. 이 여정에서 난센은 또한 북극해 속의 해저산맥을 최초로 발견했다. 이 산맥은 난센의 이름을 따서 난센 산맥이라고 부른다. 난센은 비록 북극점에 도달하지는 못했지만 북극해에 대한 수많은 사실을 알아냈다.

QUIZ 15

이 사람은 해저 잠수를 통해 수심 518미터 아래에서는 모든 빛이 사라진다는 것을 발견했다. 그는 1934년 수심 923미터를 잠수했으며 심해에는 빛을 내는 물고기가 많이 산다는 것을 알아냈다. 이 사람은 누구인가?

해설 비브는 1877년 미국 뉴욕에서 태어났다. 어릴 때부터 자연과학을 사랑했던 비브는 콜롬비아 대학에 입학했지만 대학을 졸업하지는 못했다.

1902년 메리와 결혼한 비브는 이듬 해 메리와 함께 멕시코를 탐사해 『새의 형태와 기능』, 『멕시코의 조류 애호가』, 『태양의 일지』와 같은 책을 썼다.

ANSWER

15 비브

1909년에는 동아시아를 여행해 공작새를 연구해 『공작새에 대한 보고서』라는 책을 출간했다.

1916년 비브는 남아메리카 북동쪽의 영국령 기니아의 조지타운에 열대 지방을 연구하는 연구소를 만들었고 1923년에는 갈라파고스 군도를 탐사했다.

비브는 수많은 탐사를 통해 해저 바닥의 생물을 포획하고 해수의 온도를 측정했다. 이 과정에서 그는 낮에만 해수 표면에 나타나는 물고기와 밤에만 나타나는 물고기를 분류할 수 있었고 형광 빛을 내는 물고기도 발견했다.

해저의 신비에 심취된 비브는 산호초를 조사하기 위해 300회가 넘는 잠수를 했고 그 후에는 심해 물고기에 대한 관심을 가지게 되었다. 그러기 위해서 그는 끊임없이 잠수기록에 도전하게 되었다.

비브는 더 깊은 바다로 내려가기 위해서는 엄청난 수압을 견딜 수 있는 장비가 필요하다는 것을 깨달아 무게가 4.5톤이 되는 잠수구라고 부르는 공모양의 장비를 만들었다. 그가 만든 잠수구는 바깥쪽 반지름은 145센티미터이고 두께는 3.8센티미터이고 입구는 반지름 36센티미터로 비브가 간신히 비집고 들어갈

수 있을 정도였다. 비브의 잠수구안에는 산소를 공급해주는 산소탱크와 호흡과정에서 배출되는 이산화탄소를 흡수하는 소다석회가 있었다.

1930년 6월 비브는 잠수구를 타고 수심 244미터까지 내려가면서 바다의 색깔이 내려갈수록 변한다는 것을 알아냈다. 즉, 해수 표면에서 바닷물은 녹색을 띠다가 깊은 바다로 갈수록 파란색, 검푸른 색 등으로 바뀐다는 것을 알아냈다.

1932년 9월 비브는 다시 잠수구를 타고 바다속으로 내려갔다. 그는 수심 518미터에서 모든 빛이 사라지고 수심이 깊어질수록 형광 빛을 내는 물고기가 많아진다는 것을 알아냈다. 그는 수심 671미터 지점에서 이빨과 몸에서 빛을 내는 물고기 발견하고 그 물고기의 이름은 잠수구 물고기라고 불렀다.

비브는 사람이나 잠수구와는 달리 심해에 사는 생물들이 수천 톤의 수압을 견딜 수 있다는 것을 알아냈다. 그의 심해 잠수 기록은 1934년 8월 15일에는 923미터로 늘어났고 이 기록은 그 후 15년 동안 깨지지 않았다.

QUIZ 16

이 사람은 해양생물을 채집하기 위한 드렛지와 트롤등의 장비를 발명했고, 해류가 플랑크톤의 성장에 중요한 역할을 하며, 심해에 사는 생물은 바닥으로 가라앉은 먹이를 먹고 산다는 것을 알아냈다. 이 사람은 누구인가?

ANSWER

16 알렉산더 아가시

QUIZ 17

이 사람은 미국의 메인만에 대한 12년간의 연구결과로 메인만의 어류와 플랑크톤을 조사했다. 이 사람은 누구인가?

해설 비글로는 1879년 미국 보스턴에서 태어났다. 어린 시절 그는 여행을 즐겼고 스포츠도 잘했다. 그는 매사추세츠 공과대학과 하버드 대학을 다녔다.

1901년 비글로는 하버드 대학의 교수이자 비교 동물학 박물관의 관장인 아가시와 함께 인도양의 스리랑카 해안에 있는 몰디브 섬에서 해파리를 비롯한 해양 무척추 동물을 조사했다.

1906년 비글로는 하버드 대학에서 해조류에 대한 연구로 박사학위를 받았다. 1912년부터 비글로는 학계에서 한 번도 연구한 적이 없는 미국 메인만을 연구하기로 결심했다.

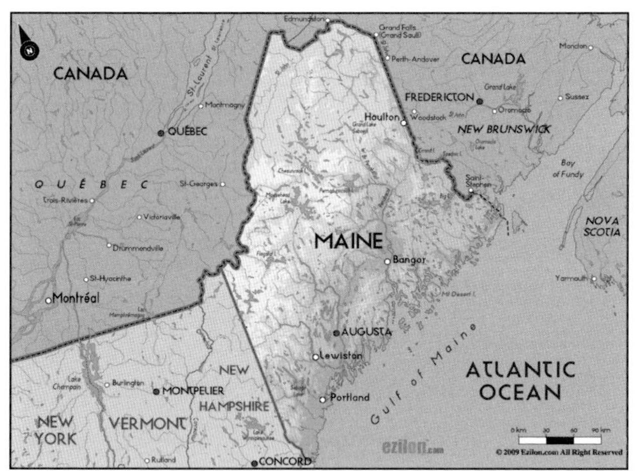

ANSWER

17 비글로

비글로는 미국 수산청의 협조로 메인만 지역을 연구했다. 그는 만 번 이상 그물을 바다에 내려 해양생물을 채집했고 병을 통해 해수의 온도와 염분등을 조사했다. 그는 플랑크톤에 대한 연구도 많이 했는데 플랑크톤이 어떤 경로로 이동하는지 또 플랑크톤이 어디서 많이 사는지 등에 대해 조사했다.

1930년 우즈홀 해양연구소의 초대 소장이 된 비글로는 저명한 해양학자를 연구소로 초빙해 이 연구소를 세계적인 해양학 연구소로 만들었다.

QUIZ 18

오랜 기간동안 사람이 해저에 살 수 있는지를 조사하기 위한 콘셀프 프로젝트를 실행했으며 영화 〈18미터 수심 아래〉, 〈태양이 없는 세계〉를 제작했고, 8년 동안 TV를 통해 〈해저세계〉를 방송한 이 해양학자는 누구인가?

해설 자크 쿠스토는 1920년 프랑스 보르도 지방의 생 안드레에쿠바라는 바닷가마을에서 태어났다. 어린 시절 수업을 자주 빠지고 학교 유리창을 열일곱장이나 깨뜨려 퇴학 당한 쿠스토는 엄격한 학교로 전학해 그때부터 행실이 바르게 되었다.

1942년 쿠스토는 고압가스 기술자인 에밀 가낭을 만나 자동압력조절기를 개조해 잠수용 장비를 만들고 이 장비의 이름을 아쿠어렁이라고 불렀다.

ANSWER

18 자크 쿠스토

아쿠라렁은 약 23킬로그램으로 이것은 훗날 스쿠버 장비가 되었다. 쿠스코는 잠수용 기체는 공기 외에 다른 기체를 넣어야 한다는 것을 처음 알아냈다.

쿠스토는 잠수 과정에서 질소가 증가해 잠수부들이 사망하는 사고를 보면서 잠수 한계치에 대한 계산을 했다. 그는 인간의 잠수 한계치를 91.4미터로 정하고 그 이하로 잠수하는 것을 금지하자고 주장했다.

어느 날 쿠스토는 사람이 해저에서 생활할 수 있을까 하는 의문을 품었다. 그는 이 가능성을 확인하기 위해 1962년 대륙붕 해저에 사람이 살 수 있는 공간을 만들고 콘셀프라고 이름을 붙였다. 이 건물은 프랑스 남부 해안 도시인 마르세이유 인근 해안의 수심 12미터 지점에 지어졌다. 콘셀프는 두 사람 정도 살 수 있었다. 그는 이곳에서 일주일동안 생활했다.

이듬해 쿠스토는 홍해 북서쪽 해저 30미터 지점에 두 번째 콘셀프를 지었다. 그는 이 콘셀프에서 생활하면서 〈태양이 없는 세계〉라는 영화를 만들었다. 쿠스토는 이 영화로 1964년 아카데미 영화제에서 다큐멘타리상을 수상했다.

MEMO

퀴즈 지구과학의 역사

제 3 부

기상학의 역사

QUIZ 01

공기도 무게를 가지고 있다고 최초로 주장한 사람은?

해설 낙하법칙으로 유명한 이탈리아의 갈릴레이는 공기도 무게를 가지고 있다고 생각했다. 공기는 눈에 보이지는 않는 작은 입자들로 이루어져 있는데 이 입자들이 무게를 가지고 있기 때문에 공기도 무게를 가진다는 것이 그의 생각이다.

QUIZ 02

공기가 무게를 가지고 있다는 것을 알 수 있는 현상은?

해설 바람은 공기의 흐름이다. 즉 공기를 이루는 입자들이 움직이는 것이 바람이다. 강한 바람은 공기입자들이 빠르게 움직이는 현상이고 약한 바람은 공기입자들이 알갱이들이 천천히 움직이는 현상이다.

QUIZ 03

이 사람은 진공을 최초로 만들었고 대기압을 측정하는데 최초로 성공했다. 갈릴레이의 제자인 이 사람은 누구인가?

해설 대기란 지구를 에워싼 공기층을 말하고 대기가 작용한 압력을 대기압이라고한다. 1641년 이탈리아의 토리첼리는 수은이 담겨 있는 용기에 유리관을 거꾸로 꽂아 보았다.

ANSWER

01 갈릴레이 02 바람 03 토리첼리

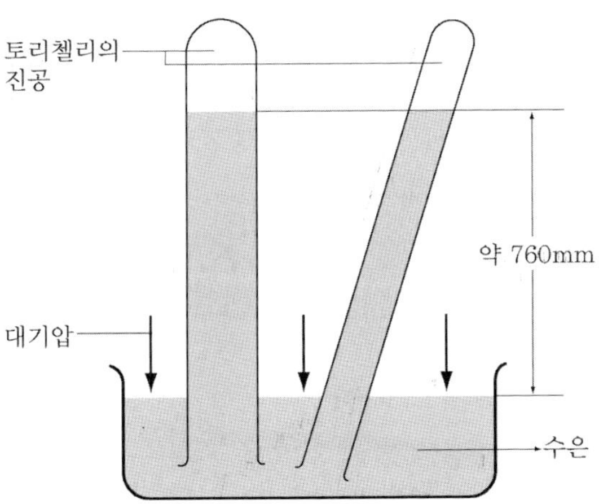

공기는 무게를 가지고 있으므로 유리관 바깥쪽의 수은 표면에 압력을 작용한다. 이렇게 공기가 작용한 대기압 때문에 유리관 안의 수은은 위로 올라간다.

토리첼리는 한쪽 끝은 막혀 있고 다른 쪽 끝은 열려 있는 1.2m 유리관에 수은을 가득 넣고 손가락으로 열린 끝을 막은 다음 뒤집어 용기에 넣고 손가락을 떼면 수은 일부가 유리관으로부터 내려와 용기 속을 채우고 유리관안의 수은은 76cm 높이에서 멈춘다는 것을 알아냈다. 이때 유리관 안 수은의 꼭대기에는 아무것도 존재하지 않는데 이곳이 바로 진공이다.

수은기둥이 76cm 높이에서 멈추는 이유는 공기가 누르는 압력과 평형을 이루는 수은 기둥의 높이가 76cm이기 때문이다. 이 높이는 그 날 그 날 달라진다. 기압이 높은 날은 더 긴 수은기둥이 누르는 압력과 평형을 이루게 되므로 수은기둥의 높이가 올라가고 반대로 기압이 낮은 날은 그 보다 낮은 높이까지 올라간다.

QUIZ 04

기압의 단위는 무엇인가?

해설 1기압이 76cm의 수은 기둥이 누르는 압력이므로 1기압을 76cm Hg라고 쓴다. 여기서 Hg는 수은의 원소기호이다. 또한 토리첼리의 실험을 기념하여 수은 기둥의 높이를 1mm 올리는 압력을 1토르(torr)라고 한다. 그러므로 1기압은 760토르이다. 하지만 오늘 날 기상학자들은 기압을 나타낼 때 밀리바(mb)나 헥토파스칼(hPa)를 주로 사용하는 데 1기압은 1013.5밀리바 또는 1013.5헥토파스칼이다.

ANSWER

04 밀리바 또는 헥토 파스칼

비행조종사들이 주로 사용하는 기압계는?

해설 수은 기압계는 휴대하기가 불편하기 때문에 비행사들은 비행기의 고도를 추정하기 위해 기압의 변화에 의해 팽창하거나 수축하는 진공 상자로 만들어진 아네로이드 기압계를 사용한다.

산위로 올라갈수록 기압이 낮아진다는 것을 처음 알아낸 사람은?

ANSWER

05 아네로이드 기압계 06 파스칼

해설 파스칼은 수은 기둥의 높이가 위치에 따라 달라진다고 생각했다. 즉, 수은기둥의 높이는 공기기둥의 높이와 관계되므로 산으로 올라가면 공기 기둥의 높이가 낮아지므로 기압이 낮아져 수은 기둥의 높이도 낮아질 것이라고 생각했다. 그는 이것을 직접 실험해 보고 싶었다.

파스칼은 수은 기압계로 파리 남쪽에 있는 클레르몽이라는 마을의 퓨이드 돔이라는 높이 천 미터 정도의 산에서 수은 기둥의 높이를 측정하면 산기슭에서 측정한 수은의 높이와 다르게 나올 것이라고 생각했다. 하지만 그 당시 파스칼은 몸이 너무 아파 자신이 직접 실험을 할 수 없었다. 그래서 그는 친척인 펠리에에게 이 실험을 맡겼다. 1648년 펠리에는 수은 기압계를 들고 퓨이드 돔 정상으로 올라갔다. 올라갈수록 수은기둥의 높이가 줄어들더니 산 정상에서는 8.5센티미터 정도 낮게 올라갔다.

QUIZ 07

이 사람은 물을 이용한 기압계를 만들어 최초로 일기예보를 했다. 독일 마그데부르크의 시장이었던 이 사람은 누구인가?

ANSWER

07 괴리케(Otto von Guerike 1602–1686)

해설 괴리케는 1602년 독일의 마그데부르크 시에서 태어났다. 괴리케는 어릴 때부터 수학과 물리학을 참 좋아했고 훗날 마그데부르크 시의 시장이 되어 35년 동안 시의 발전을 위해 살았다. 시장으로서의 바쁜 생활 속에서도 괴리케는 틈만 괴리케면 취미인 물리 실험을 했다.

괴리케는 수은은 물보다 밀도가 13.6배가 더 크므로 물을 사용하면 물기둥의 높이가 10미터까지 올라간다고 생각했다. 괴리케는 갑자기 재미있는 생각이 떠올랐다. 그것은 그날그날의 기압에 따라 물기둥의 높이가 달라지는 것을 사람들에게 보여준다면 그날의 날씨를 알릴 수 있을 것이라는 생각이었다.

괴리케는 이 일을 바로 실행에 옮겼다. 괴리케는 놋쇠로 만든 길이가 10미터인 관을 집에 설치했다. 이 관의 위쪽 끄트머리에는 가늘고 긴 관을 가진 플라스크가 거꾸로 매달려 있고 아래쪽 끄트머리는 물을 가득 채운 원통에 꽂혀 있었다. 그러면 대기압 때문에 관을 따라 물이 올라가는데 기압이 낮으면 물의 높이는 낮아지고 기압이 높으면 물의 높이는 높아진다.

괴리케는 관 속에 있는 물에 사람 모양을 한 인형을 띄워 놓았다. 놋쇠관은 투명하지 않아 물의 높이가 10미터보다 낮을 때는 사람들이 인형을 볼 수 없었지만 기압이 높아져 물의 높이가 10미터 보다 높아지면 사람들은 인형을 볼 수 있었다. 이것은 바로 사람들에게 그날의 일기 예보를 알려주는 장치였다. 왜냐하면 기압이 낮아 인형이 보이지 않은 날은 영락없이 흐린 날이고 반대로 기압이 높아 인형이 잘 보이는 날은 맑은 날이었기 때문이었다.

괴리케의 물 기압계는 정확하게 날씨를 예보해 주었다. 그래서 마을 사람들은 괴리케를 날씨를 알아맞히는 마법사로 여겼다.

QUIZ **08**

기압이 낮으면 왜 날씨가 흐릴까?

해설 그것은 공기들의 움직임과 관계가 있다. 공기들은 끊임없이 움직이고 있다. 그런데 공기 알갱이들이 조금 모여 있는 곳은 공기가 누르는 압력이 작아 다른 지역 보다 기압이 낮다. 그러면 주위의 수증기를 포함한 공기들이 그 지역으로 몰려들게 되고 그 공기들이 증발하여 구름을 만든다. 그러므로 기압이 낮은 곳에는 구름이 많이 생겨 날씨가 흐리고 비가 올 확률이 높다.

QUIZ 09

두 개의 반구를 붙이고 그 안을 진공상태로 만들었을 때 두 개의 반구를 떼어내기 위해서는 말 열 여섯 마리의 힘이 필요하다는 실험을 하여 진공의 힘을 사람들에게 보여 준 사람은 누구인가?

해설 괴리케는 처음으로 진공을 만들 수 있는 공기펌프를 만들었다. 진공이란 공기 알갱이가 없는 곳을 말하는데 공기가 채워져 있는 곳에서 펌프로 공기 알갱이를 뽑아내면 진공을 만들 수 있다. 처음 괴리케는 통에 물을 가득 채우고 통의 바닥에 펌프를 설치하여 통속의 물을 남김없이 끌어내면 통속에는 아무 것도 없는 진공이 만들어 질 거라고 생각했다. 하지만 괴리케의 실험은 실패로 돌아갔다. 그것은 통의 판자 이음새로부터 공기가 새었기 때문이었다.

괴리케는 통의 판자 이음새를 모두 막고 다시 한 번 펌프를 이용하여 물을 끌어냈다. 하지만 물이 점점 줄어들수록 펌프를 움직이는 일이 점점 힘들어졌다. 결국에는 세 남자의 힘을 합쳐 펌프질을 해야 할 정도였다. 하지만 이 방법도 실패로 돌아갔다. 마지막 순간에 통의 바닥이 통 속으로 빨려 들어가 버렸기 때문이었다.

ANSWER

09 괴리케

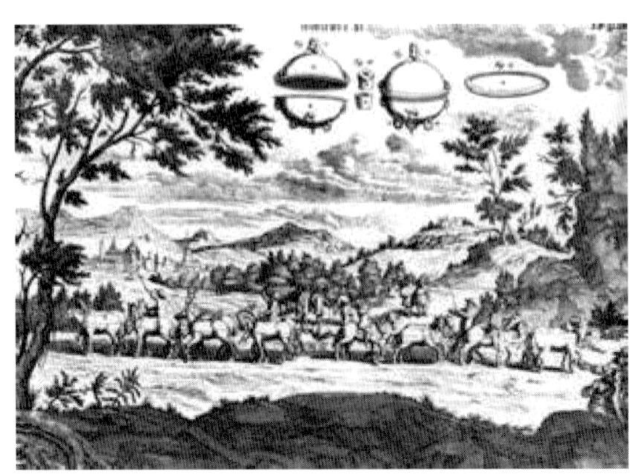

괴리케는 생각을 바꾸어 보았다. 물을 빼는 대신에 공기를 직접 빼서 진공을 만들어 보기로 결심한 것이었다. 이 실험을 위해 괴리케는 밀폐된 공간으로부터 공기를 뽑아 낼 수 있는 공기 펌프를 발명했다. 그리고 구리로 속이 빈 두 개의 반구를 만들었다. 반구는 공의 반쪽을 말하는 데, 두 개의 반구는 가장자리가 딱 맞게 설계되었다.

괴리케는 반구와 같은 지름의 가죽고리를 만들어 밀을 테레빈유에 녹인 용액에 담가두었다. 그리고 콕이 연결되어 있는 고리를 두 개의 반구 사이에 끼워 넣었다. 얼마 후 테레빈유는 모두 증발하고 두 개의 반구와

가죽 고리 사이에는 밀만 남아 구멍을 메웠다. 이제 두 개의 반구는 붙어서 공 모양이 되었다. 괴리케는 공기펌프를 이용하여 공속의 공기를 뽑아내고 콕을 잠가 공기가 들어가는 것을 막아 드디어 공속을 진공으로 만들었다.

괴리케는 진공의 힘을 사람들에게 보여주고 싶어서 공개 실험을 하기로 했다. 1651년 페르디난도 황제는 이 소문을 듣고 자신이 보는 앞에서 실험을 하도록 명령했다.

괴리케는 각각의 반구에 말 여덟 마리를 연결하여 서로 반대방향으로 반구를 잡아당기게 했다. 그러자 실로 놀라운 일이 벌어졌다. 두 개의 반구는 16마리의 말이 양 방향으로 당기는 힘에도 분리되지 않고 공의 모양을 그대로 유지했던 것이었다. 한참 후 말들은 힘겹게 두 개의 반구를 분리 시켰다. 그러자 대포를 발사한 것 같은 거대한 소리가 울려 퍼졌다. 그것은 진공으로 공기가 아주 빠르게 밀려들어가기 때문에 생긴 소리였다.

황제와 많은 사람들은 속이 진공인 두 개의 반구를 떼어 놓기가 힘들다는 것을 알았지만 괴리케는 사람들에게 두 개의 반구를 쉽게 떼어 놓을 수 있는 간단한 방법을 보여주었다. 괴리케가 두 반구 사이에 공기를 막아 놓았던 콕을 열어 바깥의 공기가 두 개의 반구 안으로 들어가게 했더니 이제 어린 아이가 두 반구를 잡아 당겨도 반구가 분리되었다.

왜 두 개의 반구 속이 진공이 되었을 때는 두 반구를 떨어뜨려 놓기가 힘들었을까? 그것은 바로 공기의 압력인 대기압 때문이다. 두 개의 반구 속에 공기가 채워져 있을 때는 공 밖의 공기가 공을 누르는 압력과 공속의 공기가 공을 누르는 압력이 같다. 그러므로 분리된 두 개의 반구는 쉽게 떨어질 수 있는 것이다.

하지만 두 개의 반구 속이 진공인 경우 상황은 달라진다. 이때는 공 밖의 공기가 두 개의 반구를 미는 압력은 있지만 공속에 공기가 없으므로 반구를 바깥으로 밀쳐 내는 힘은 존재하지 않는다. 그러므로 두 개의 반구는 공기의 압력으로 인해 공 안쪽 방향으로 강한 힘을 받는다. 이때 두 개의 반구를 떨어뜨리기 위해서는 공기가 두 개의 반구를 누르는 힘보다 더 큰 힘을 반대 방향으로 작용해야 한다. 그것이 바로 말 16마리가 두 개의 반구를 서로 반대 방향으로 잡아당기는 힘이다.

이와 비슷한 상황은 태풍 때문에 지붕이 날아가는 장면에서도 볼 수 있다. 보통 때에 지붕 아래의 공기와 지붕 바깥의 공기는 서로 반대 방향으로 지붕에 압력을 작용한다. 즉 지붕 안의 공기는 지붕을 위로 올리는 압력을 지붕 밖의 공기는 지붕을 위에서 누르는 압력을 작용한다.

하지만 강한 태풍이 불어서 지붕위의 공기를 순식간에 날려 버리면 순간적으로 지붕 위는 진공 상태가 된다. 그러면 지붕을 위에서 누르는 힘이 지붕 안의 공기가 지붕을 위로 올리는 힘에 비해서 작기 때문에 지붕이 위로 올라가 날아가 버리게 된다.

QUIZ 10

구름이 물방울로 이루어져 있다고 처음 주장한 사람은?

해설 사람들은 구름이 젖은 공기들이 모여 있는 것이라고 생각해왔다. 하지만 프랑스의 데카르트는 구름이 공기가 아니라 물방울로 이루어져 있다고 주장했다.

구름은 땅이나 바다에 있던 수증기를 많이 포함한 공기가 위로 올라가서 만들어진다. 공기가 위로 올라가는 이유는 공기가 더워지기 때문이다. 더운 공기는 부피가 팽창해 밀도가 주위보다 작아 위로 올라가는 부력을 받는다. 이렇게 위로 올라간 공기는 다른 차가운 공기와의 충돌로 에너지를 빼앗겨 온도가 내려간다.

ANSWER

10 데카르트

이때 공기속의 수증기도 온도가 내려가 액체 상태인 물방울로 바뀌어 떠 있는 것이 바로 구름이다.

QUIZ 11

저기압인 곳에서 구름이 만들어지는 이유는?

해설 주위보다 기압이 낮은 곳을 저기압이라고 한다. 저기압의 중심은 기압이 가장 낮아서 주위의 공기들이 몰려든다. 몰려든 공기들은 위로 올라가 구름이 만든다. 그래서 어떤 지역이 저기압일 때 구름이 많아 흐린 날이 된다. 반대로 고기압의 중심은 주위로 공기가 빠져나가니까 위로 올라갈 공기가 없어 구름이 안 생기고 날씨가 맑다.

QUIZ 12

이 사람은 알프스 연구로 유명하고 상대습도의 개념을 처음 도입했다. 이 사람은 누구인가?

해설 설탕이 더운물에서 잘 녹는 듯이 기온이 높으면 증발이 많아지기 때문에 수증기도 대기가 따뜻할 때 더 많이 생긴다. 스위스의 소쉬르는 대기 중에 있을 수 있는 수증기의 양에 한계가 있다는 것을 알아냈다. 소쉬르는 대기 $1m^3$ 속에 있을 수 있는 최대 수증기의 양을 포화수증기량이라고 불렀다. 즉, 수증기가 최대로 존재할 수 있는 양이 포화수증기량이다. 포화수증기량보다 턱없이 수증기의 양이 부족하면 대기에 수증기가 없어 건조한 날씨가 된다. 반대로 대기 중의 수증기의 양이 포화수증기의 양에 가까워지면 습한 날씨가 되는데 이렇게 습할 때는 물이 증발하기 어렵다. 반대로 건조할 때는 물의 증발이 많이 일어난다.

습도는 상대습도라고도 말하는 데 다음과 같이 정의된다.

$$습도(\%) = \frac{수증기량}{포화수증기량} \times 100$$

즉, 상대습도는 포화수증기량에 대한 수증기양의 비율을 %로 나타낸 것이다. 수증기의 양이 포화수증기량이 되면 습도가 100%이다.

ANSWER

12 소쉬르

포화수증기양은 온도에 따라 다르다. 온도가 높을수록 포화수증기양이 많아진다. 실내나 실외나 수증기의 양은 비슷한 데 실외는 추우니까 포화수증기량이 작고 실내는 난방을 하니까 온도가 올라가 포화수증기량이 크므로 상대적으로 방안은 수증기량의 비율이 적어 실내의 습도가 낮아진다. 그래서 겨울철에 실내에서는 습도를 조절하기 위해 가습기를 사용한다.
겨울에 유리창 밖에 김이 서리거나 성에가 끼는 것도 습도와 관계있다. 밖은 온도가 낮아 포화수증기량이 작다. 그러다 보면 공기 중에 수증기가 많이 생길 수 없어 물이 많아지는데 그것이 물방울이 되어 맺히는 것이 바로 김이다. 이렇게 기체인 수증기가 액체인 물이 되는 현상을 응결이라고 부르고 응결이 일어나는 온도를 이슬점이라고 부른다.

QUIZ 13

최초로 구름을 분류한 구름학의 창시자인 이 사람은 누구인가?

해설 하워드는 1772년 영국 런던에서 태어났다. 하워드의 아버지가 철 공장을 경영하고 있어 하워드는 어릴 때부터 아버지 일을 도왔다. 집안이 부유한 탓에 하워드는 명문 사립학교에 다닐 수 있었다. 하워드는 여덟 살에 힐 사이드 아카데미에 입학해 7년간 그곳에서 공부했다. 이곳에서 하숙 생활을 하는 동안 하워드는 하숙방 유리창을 통해 하늘을 관찰하며 즐거움을 찾았다.

ANSWER

13 하워드

열한 살이 되었을 때 하워드는 기상이변을 목격했다. 아이슬란드에서 화산폭발이 일어난 후 두꺼운 안개가 북반구 상공을 뒤덮었던 것이다. 이로 인해 날이 더워지면서 벌레 떼가 생기고 사람들은 질병으로 고생했다. 또한 이 해에는 북유럽에 운석이 떨어졌다.

1788년 학교 졸업후 집으로 돌아와 기상관측소를 만들어 날씨를 관측했다. 그는 하루에 두 번 날씨 관측을 위해 우량계, 기압계, 온도계를 사용했다.

그 후 하워드는 아버지의 뜻대로 약제사가 되어 일했지만 일이 끝나면 지인들과 과학에 대한 토론을 즐겼다. 이때 함께 토론했던 하워드의 친구인 앨런이 1796년 자연과학의 공개토론을 위해 아스케시언 학회를 설립하자 1800년 하워드는 그의 최초의 논문인 〈보통 기압계〉를 이 학회에 제출했다. 1802년에는 〈비의 이론〉과 〈구름의 분류〉라는 논문을 발표했다.

특히 〈구름의 분류〉라는 논문에서 하워드는 구름을 일곱가지로 분류하면서 구름학이라는 새로운 학문을 창시했다. 그는 사람들은 너무 다양한 구름들의 종류가 존재한다고 생각하고 있다고 생각했다. 보통 흰색 또는 다양한 회색으로 나타나는 구름 색깔에 더하여, 하늘을 관측하는 사람들은 흐릿한, 양털 같은 또는 줄이 있는 것과 같은 애매모호한 단어들을 사용하고 구름 모양을 성 또는 말의 꼬리와 같은 모습으로 비유하기도 했다. 하지만 하워든 이런 애매모호한 분류가 맘에 안 들어 구름을 분류하는 새로운 방법을 연구했다. 그 결과 그는 수많은 구름 모양이 존재하지만 뚜렷한 형태는 몇 가지로 제한됨을 알 수 있었다. 또한 그는 구름의 모양이 온도, 습도, 기압 등에 의해 달라진다고 생각했다.

하워드는 세 가지 기본 구름 형태인 권운, 적운, 층운을 도입했다. 이 세 가지 기본 형태에서 네 개의 다른 형태가 분류되는 데 그것은 권적운, 권층운, 적층운, 난운이라고 불렀다. 하워드가 분류한 일곱 개의 구름은 다음과 같은 성질을 지니고 있다.

- 권운 : 가장 높은 곳에서 발생하는 가장 엷은 구름으로, 가늘고 연약하고 실 모양을 하고 있다.
- 적운 : 낮은 곳에서 가장 두텁게 형성되는 구름으로, 수평으로 되어 있는 밑부분부터 볼록하게 위쪽으로 발달한다.
- 층운 : 가장 낮은 곳에서 형성되는 구름으로, 평평한 판 모양으로 확장한다.
- 권적운 : 섬유 모양의 권운이 형성된 구름으로, 아래쪽 둥근 구름 덩어리 속으로 무너지는 모습을 가진다.
- 권층운 : 섬유 모양의 권운이 형성된 구름으로, 수평으로 확장되는 모습을 가진다.
- 적층운 : 비의 시작에 앞서 적운으로부터 형성된 구름으로,

두텁고 버섯 모양을 하고 있다.

• 난운 : 비가 내리는 구름을 말한다.

권운은 새털구름이라고도 부른다. 새털구름은 아주 높은 곳에 생기는 구름이다. 보통 5~13킬로미터 높이의 하늘에서 만들어지는데 하얀 깃털 모양이라서 새털구름이라고 부른다. 미국에서는 말꼬리처럼 생겼다고 해서 말꼬리구름이라고도 한다. 새털구름은 주로 얼음으로 이루어져 있고 날씨가 맑을때 잘 나타난다.

층운은 안개구름이라고 부르는데 2킬로미터 이내의 낮은 높이 에있는 평평한 회색구름이다. 하늘을 넓게 덮고 있을 때가 많고 언덕 꼭대기와 빌딩 윗부분을 가릴 만큼 낮게 깔리기도 한다. 안개구름이 땅에 까지 내려앉으면 그것은 바로 안개이다.

적운은 뭉게구름이라고 부르는 데 아래위로 긴 구름이다. 세로 길이가 500미터에서 2킬로미터에 달하고 10킬로미터가 넘는 것도 있다. 뭉게구름은 밑은 평평하고 윗부분은 보드라운 솜털이나 맛있는 솜사탕을 쌓아 놓은 것처럼 생겼고 맑은 날씨가 여러 날 계속될 때 볼수 있다.

적란운은 소나기구름이라고 부르는데 뭉게구름이 강한 상승기류 때문에 덩치가 커져서 생기는 아주 커다란 구름이다. 소용돌이치는 공기, 물방울, 얼음이 모여 소나기구름을 이룬다. 소나기구름은 이름대로 소나기를 뿌리기도 하고 우박, 천둥, 회오리바람 같은 위험한 기상 현상을 일으킨다.

QUIZ 14

비가 어떻게 생기는 지를 처음 알아낸 사람은?

해설 하워드는 비가 왜 내리는지에 대해 알아냈다. 구름이 있으면 항상 비가 오지 않는다는 사실로부터 비가 되어 떨어지려면 물방울의 지름이 적어도 1밀리미터는 되어야 함을 알아냈다. 구름속의 물방울은 크기가 보통 0.01밀리미터 정도이다. 구름이 있는 곳은 아주 높은 곳으로 온도가 낮아 물방울만 있는 게 아니라 얼음덩어리들 도 있고 그 얼음덩어리에 물방울이 달라 붙으면 금방 커지고 무거워져서 땅으로 떨어지는 데 그게 바로 눈이나 비가 된다는 것이 하워드의 생각이다. 물방울이 달라붙은 얼음덩어리가 내려오면서 온도가 올라가서 녹아 모두 물방울이 되어 달라붙으면 비가 되고 날씨가 추워 얼음덩어리가 잘 녹지 않으면 눈이 된다.

QUIZ 15

인공안개는 어떻게 만드는가?

해설 안개는 수증기가 차가워지면서 물방울로 변해 공중에 떠 있는 것이다. 이 원리를 쓰면 누구나 인공적으로 안개를 만들 수 있다. 만드는 방법은 간단하다. 먼저 더운 물로 유리병을 헹군다.

ANSWER

14 하워드

그 다음엔 병 안에 약간 뜨거운 물을 넣는다. 그리고 이제 그 입구를 얼음으로 막고 백열등으로 병을 비춰주면 안개가 생긴다. 이것은 수증기가 얼음과 만나 차가워져서 응결되어 작은 물방울이 생긴 것이다. 이것이 바로 안개가 되는 것이다.

QUIZ 16

우박은 왜 생기는가?

해설 구름 속의 물방울이 얼어서 땅으로 떨어지는 것을 우박이라고 한다. 우박은 위로 길게 펼쳐진 소나기구름에서 주로 생긴다. 구름 속의 물방울이 위로 올라가는 공기의 흐름을 만나면 구름 위쪽의 차가운 공기를 만나 작은 얼음 덩어리가 되면서 구름 속의 다른 물방울들이 얼음 덩어리의 표면에 달라붙어 얼음의 크기가 더욱 커진다. 그러다 이 얼음덩어리가 너무 무거워지면 마침내 얼음은 땅으로 떨어진다. 이 얼음의 지름이 5밀리미터보다 작으면 싸락눈, 그보다 크면 우박이라고 부른다. 우박은 크기가 아주 다양해서 딸기보다 작은 것도 있고 야구공보다 큰 것도 있다. 우박은 큰 피해를 가져오기도 하는데 농사를 망치기도 하고 자동차나 건물을 부서트리기도 하고 작은 동물의 목숨을 빼앗기도 하고 큰 우박에 맞으면 사람도 목숨을 잃을 수 있다.

적도지방은 위로 올라가도 온도가 영하로 내려가지 않아 구름 속에 얼음덩어리가 만들어지지 않는다. 그래서 물방울들이 많이 모여 큰 물방울이 되어 떨어져 비가 되는 데 이때 비는 따뜻한 비가 된다.

QUIZ 17

찬 공기와 따뜻한 공기가 만나면 어떻게 되는가?

해설 찬 공기는 무거우니까 아래쪽이 있고 뜨거운 공기는 위에 있는데 가만히 있는 찬 공기에 따뜻한 공기가 밀려오면 따뜻한 공기는 아래에 있는 찬 공기를 타고 살살 완만한 경사로 위로 올라간다. 그러면서 구름이 넓게 수평으로 퍼지게 되는 층운이 만들어진다. 반대로 찬 공기가 밀려오면 찬 공기는 뜨거운 공기의 아래를 파고드니까 깜짝놀란 뜨거운 공기는 급하게 위로 치솟아 올라 좁은 지역에 위로 높게 치솟은 적운이 만들어진다.

QUIZ 18

안개와 구름은 같은가?

해설 거의 같다고 볼 수 있다. 수증기가 응결되면 물방울이 생기는데 그게 하늘에 생기면 구름이고 바닥에 생기면 안개이다. 높은 산을 올라가면 밑에서는 구름으로 보였던 곳이 바로 안개가 된다.

구름이 없는 맑은 날 밤에는 지표면이 급하게 차가워질 수 있다. 그럼 지표면에 있던 수증기들이 갑자기 응결되어 안개가 될 수 있다. 그러다가 해가 떠서 더워지면 안개는 사라진다.

QUIZ 19

인공적으로 비를 내리게 할 수 있는가?

해설 이것을 인공비라고 한다. 인공비는 구름이 없을 때는 안 되고 구름이 있지만 빗방울이 되지 못한 물방울에 얼음 덩어리 역할을 하는 걸 넣어주어 비가 되어 떨어지게 한다. 구름 속에 요오드화은이나 드라이아이스를 뿌려주면 얼음덩어리가 만들어지고 그 주위에 물방울들이 달라 붙어 비가 내리게 되는 데 이것을 인공비라고 한다. 요오드화은은 요오드와 은의 화합물로 감광성이 있어 사진 현상에 쓰이는 물질이고 드라이아이스는 고체 상태의 이산화탄소이다.

QUIZ 20

겨울에 보리밟기를 하는 이유는 무엇인가?

해설 겨울철에는 흙이 얼었다 녹았다 하면서 흙은 위로 들어 올리는 서리가 생기게 된다. 서리는 공기 중의 수증기가 액체 상태를 거치지 않고 바로 얼음으로 변하는 현상으로 이러한 현상이 반복되면 보리와 같은 식물은 뿌리가 위로 올라가 말라죽게 된다. 이때 보리를 밟아주면 보리의 뿌리들이 다시 땅속으로 들어가 말라죽는 일이 안 생긴다.

QUIZ 21

풍력 계급을 최초로 분류한 사람은?

해설

〈보퍼트〉

ANSWER

21 보퍼트

보퍼트는 1774년 아일랜드의 네이븐에서 태어났다. 1784년 그는 더블린에 있는 해양학교에 들어가 수학과 선박 조종술을 배웠다. 1788년 그는 더블린 트리니티 칼리지에 입학해 천문학을 공부했다. 지리학을 좋아했고 그림도 잘 그렸던 보퍼트는 1792년 최초로 아일랜드 지도를 만들었다.

보퍼트는 일생동안 매일 바람, 기온, 기압을 기록했다. 오랜 시간동안 선원으로 지낸 보퍼트는 날씨 특히 바람이 뱃사람의 안전에 아주 중요한 영향을 준다는 것을 알아내도 바람을 분류하기로 결심했다. 당시 사람들은 바람에 대해 강한 바람, 온화한 바람 등 주관적인 표현을 사용했는데 강한 바람이 얼마나 강한 바람인지를 알 수가 없었다. 주지요. 그래서 바람을 분류하기로 결심하였다. 그는 다음과 같이 보버트 풍력계급이라고 부르는 바람의 계급을 만들었다.

계급	상태
0	고요
1	옅은 바람
2	실바람
3	남실바람
4	산들바람
5	건들바람
6	흔들바람
7	규칙적인 산들바람
8	센바람
9	강한 센 바람
10	큰바람
11	큰 센바람
12	돌풍을 동반한 큰 센 바람
13	노대바람

1838년 부터는 영국의 모든 배에서 보퍼트의 풍력계급이 사용되었다.

물론 보퍼트에 앞서 여러 사람들이 바람을 분류하는 시도들을 했다. 그는 열두 개에서 열다섯 개의 등급으로 분류된 풍력계급들이 제안되었는데, 각 계급은 '고요', '산들바람', '된바람' 또는 '왕바람'과 같은 용어들로 되어 있었다. 1759년 등대 기술자인 스미턴은 풍차 날개가 얼마나 빠르게 돌아가는가를 통해 바람의 빠르기를 정의하는 계급을 제안했다. 영국 해군의 수로학자인 달림플은 바다에서 사용할 수 있는 풍력계급을 만들도록 보퍼트를 격려해주었다.

QUIZ 22

바람이 부는 이유를 과학적으로 처음 설명한 사람은?

해설 1861년 미국의 페렐이 바람이 부는 이유를 과학적으로 설명했다. 물이 높은 데서 낮은 데로 흐르듯 바람은 공기가 흐르는 것인데 바람도 물처럼 흐르는 방향이 있다. 풍선을 불었다가 주둥이를 놓으면 풍선 속의 공기가 밖으로 빠져나와 바람이 만들어진다. 이 바람은 풍선 속의 압력이 밖의 대기압보다 높기 때문에 발생하는 데 페렐은 공기가 압력이 높은 곳에서 낮은 곳으로 이동하는 성질이 있으며 이것이 바람이라고 설명했다.

ANSWER

22 페렐

장소에 따라 공기의 양이 달라 기압도 달라진다. 산 위로 올라가면 공기의 양의 적어져 기압이 낮아진다. 평균적으로 대기압은 1013헥토파스칼인데 기압이 이 값 보다 작은 곳을 저기압이라고 부른다. 땅이나 바다가 뜨거워지면 그 부분의 공기가 위로 상승하니까 그 지역의 공기가 작아져서 저기압이 만들어진다.
반대로 1013헥토파스칼보다 기압이 커지면 고기압인데 그런 경우는 위쪽 공기가 아래로 내려오면 공기의 양이 많아져서 생긴다. 페렐은 바람이 고기압에서 저기압으로 불고 기압의 차이가 클수록 더 강한 바람이 분다는 것을 알아냈다. 기압의 차이가 생기면 기압이 큰 쪽에서 작은 쪽으로 힘이 작용하는 데 이 힘을 기압경도력이라고 부르는데 기압경도력이 바로 바람을 일으키는 힘이다.
등고선은 같은 높이의 지역을 매끄러운 곡선으로 연결한 것이고 마찬가지로 등압선은 같은 압력인 지점들을 선으로 연결한 것이다. 좀 더 정확하게 말하면 1000헥토파스칼을 기준으로 4헥토파스칼의 간격으로 같은 기압을 나타내는 지역을 매끄럽게 연결한 곡선이 등압선이다.
등고선 상에서 간격이 촘촘한 곳에서 돌이 더 빨리 굴러 내려가고 주위보다 높이가 낮으면 골짜기가 되고 주위보다 높으면 산마루가 되듯 등압선에서도 가운데가 주위 보다 기압이 높은 곳은 고기압이고 주위보다 기압이 낮은 곳은 저기압이다.
등압선의 간격이 촘촘한데도 있고 넓은 데도 있는데 촘촘한 곳에서는 짧은 거리에 기압의 차이가 크니까 급경사에서 공이 빨리 구르듯 바람이 빠르게 분다. 바람의 방향은 등압선에 수직인 방향이 되는 데 기압의 차에 의해 바람을 일으키는 힘이 기압경도력이니까 기압경도력은 등압선에 수직인 방향이다.

QUIZ 23

북반구에서 태풍이 오른쪽으로 휜다는 것을 처음 알아낸 사람은?

해설 1835년 프랑스의 코리올리는 태풍이 북반구에서 오른쪽으로 휘어진다는 사실을 알아냈다.

태풍은 적도 부근 남태평양의 바다가 열을 받아 뜨거워지면서 공기가 더워져서 위로 올라가면서 생긴다. 즉 공기가 위로 올라가면서 그 부분은 공기가 희박해져 저기압이 된다. 그럼 주위에서 수증기를 머금은 공기들이 갑자기 몰려들어 만들어지는 데 그것이 태풍이다. 태풍은 주로 열대지방의 저기압에서 발생하기 때문에 열대성 저기압이라고도 한다.

코리올리는 북반구에서 태풍이 오른쪽으로 휘어지는 것은 지구가 자전하기 때문임을 알아냈다.

ANSWER

23 코리올리

지구와 같이 회전하는 곳에서 물체의 움직임은 달라지는데 북반구에서는 물체가 움직이는 방향의 오른쪽으로 힘을 받아 북반구에서 적도지방에서 생긴 태풍이 위로 올라오면서 오른쪽으로 힘을 받아 오른 쪽으로 휘어지고 남반구에서는 반대로 왼쪽으로 힘을 받아 적도에서 생긴 바람이 남반구에서 진행되면 그때는 왼쪽으로 휘어진다.

이 현상을 코리올리 효과라고 부르며 코리올리 효과 때문에 북반구에서는 태풍의 진행방향의 오른쪽이 위험하고 남반구에서는 진행방향의 왼쪽이 위험하다.

태풍은 지구에서 열의 재분배라는 중요한 역할을 하고 있다. 즉, 적도 지방의 열을 중위도 지방으로 보내는 역할을 하고 있으므로 아주 중요한 역할을 한다. 만일 태풍이 없다면 중위도 지방은 지금보다 훨씬 추운 날씨가 지속된다.

QUIZ 24

기단이란 무엇인가?

해설 기단은 같은 온도, 같은 습도를 가진 균일한 공기 덩어리를 말한다. 기단은 수백킬로미터의 넓은 지역에 분포한다.

QUIZ 25

저기압 지역을 쉽게 찾는 방법을 알아낸 사람은?

ANSWER

25 발로트

해설 1857년 네덜란드의 기상학자인 발로트가 자신이 있는 위치에서 바람이 불면 저기압이 어느 방향에 있는 지를 알아내는 간단한 방법을 알아냈다.

발로트의 방법에 따르면 북반구에서는 바람을 등지고 서있는 상태에서 오른팔이 가리키는 곳에 저기압 지역이 있고 남반구에서는 반대로 왼팔이 가리키는 곳에 저기압지역이 있다. 그 이유는 바로 코리올리효과 때문이다.

북반구에서 바람은 코리올리 효과 때문에 오른쪽으로 휘어지고 바람은 고기압에서 저기압으로 불어 들어가니까 우리 등 뒤의 바람이 향하는 곳이 바로 저기압지역이다. 그런데 등 뒤로 불어온 바람은 코리올리 효과 때문에 오른쪽으로 휘어지므로 바람이 향하는 방향은 우리의 오른팔이 가리키는 곳이다.

QUIZ 26

회오리바람(토네이도)은 어떻게 생겨나는가?

해설 회오리바람은 아주 커다란 비구름으로부터 생겨난다. 미국에서는 그런 비구름을 슈퍼셀이라고 부른다. 슈퍼셀의 넓이는 160제곱킬로미터에 달하고 세 시간이 넘게 계속되기도 한다. 슈퍼셀은 큰 우박, 장대비, 거센 바람과 함께 온다. 모든 슈퍼셀에서 회오리바람이 발생하는 것은 아니다. 어떤 슈퍼셀에서 회오리바람이 생기는 지는 알려져 있지 않지만 슈퍼셀 안에서 회오리바람이 생겨나는 과정은 잘 알려져 있다. 서로 마주 보고 오는 두 바람이 슈퍼셀 안에서 만나면 공기가 아래위로 회전하다가 팽이처럼 좌우로 회전한다. 이때 구름의 모양도 바뀌는

데 그 모양이 마치 깔때기 같다고 해서 이 구름을 깔때기 구름이라고 부른다. 슈퍼셀자체도 회전하고 있기 때문에 깔때기 구름의 회전은 더욱더 빨라지고 길이도 점점 더 길어지면서 깔때기 구름은 슈퍼셀 아래쪽으로 내려간다. 이 깔대기 구름이 땅에 닿으면 그것이 회오리바람이다.

회오리바람은 약 시속 480킬로미터로 회전한다. 회오리바람은 트럭쯤은 가뿐하게 뒤집어버리고 집도 부술 수 있다. 회오리바람은 마치 거대한 진공청소기 같아 쓰레기, 곡식, 자동차, 물, 동물 심지어 사람까지 닥치는 대로 빨아들이고서는 멀리 떨어진 곳에 던져버린다. 회오리바람이 연못의 물을 통째로 빨아들여 하늘에서 개구리와 물고기가 비처럼 쏟아진 적도 있다.

회오리 바람은 시속 80킬로미터로 움직인다. 하지만 회오리바람은 오래 지속되지 않고 몇 분이면 끝나버리기 때문에 길어봤자 1.6킬로미터 정도만 움직인다.

토네이도나 허리케인 같은 바람은 보퍼트의 풍력계급으로 나타내지 않는다. 허리케인에 대한 계급은 1969년 미국의 사퍼와 심프슨이 도입한 사퍼-심프슨 계급을 사용하고 토네이도에 대해서는 1970년대 후지다와 수미코가 도입한 후지다 계급을 사용한다.

QUIZ 27

1818년 영국의 기상학자 하워드는 맑은 날 도시 지역이 주위보다 3~5도 정도 기온이 높다는 것을 발견했다. 이 현상을 무엇이라고 부르는가?

해설 도시에는 열을 잘 흡수하는 포장도로와 같은 검은 표면이 많다. 그리고 건물에서 나오는 에어컨에 의한 열과, 자동차가 뿜어내는 열이 쏟아져 나와 외곽지역보다 덥다.
열섬현상을 막으려면 도시 곳곳에 나무를 심어야 한다. 그러면 나무 그늘로 인해 도시의 바닥의 온도가 내려가 열섬현상을 막을 수 있다.

QUIZ 28

연기와 안개가 합쳐진 단어로 공장과 자동차에서 나오는 오염 물질들이 아침에 대류가 일어나지 않아 지표 근처에 자꾸만 머물러 이 오염 물질에 대기 중의 수증기가 응결해 달라붙어 만들어지는 두꺼운 안개를 무엇이라고 하는가?

ANSWER

27 열섬현상 28 스모그

해설 1818년 영국의 하워드는 런던의 짙은 안개가 스모그 현상 때문에 발생한다는 것을 알아냈다. 스모그란 스모크(연기)와 포그(안개)가 합쳐진 단어이다.

보통 안개는 해가 뜨면 물방울이 수증기로 바뀌면서 사라지는데 스모그는 해가 떠도 잘 없어지지 않는다. 그리고 눈을 아프게 하고, 호흡기를 안 좋게 만들기 때문에 사람들의 건강에 좋지 않다. 스모그를 줄이기 위해서는 대도시에서 오염물질을 적게 배출해야한다.

QUIZ 29

지구의 온도는 왜 일정한가?

해설 지구는 나이가 45억 살이다. 그럼 45억년 동안 태양 빛을 받아

왔으니까 지금은 엄청 뜨거워져서 사람이 살 수 없을 것 같은데 그렇지 않은 이유는 뭘까?

태양이 뜨거워져서 나오는 빛이 지구로 전달되는 것이 복사이니까 태양에서 나오는 빛에너지를 태양의 복사에너지라고 부른다. 뜨거워진 물체는 자신의 온도에 해당되는 복사에너지를 방출하는 데 온도가 높으면 큰 복사에너지, 온도가 낮으면 작은 복사 에너지를 낸다.

하지만 태양의 복사에너지가 모두 지구에 들어오는 건 아니다. 태양에서 지구로 오는 복사에너지를 100이라고 한다면 그 중 30은 대기권에서 반사되고 70만 지구로 들어온다.

그 정도만 들어와도 지구는 엄청 뜨거워지지 않을까? 70의 복사에너지가 모두 지구에 흡수되기만 하면 그럴 것이다. 하지만 다음과 같이 생각해보자. 아주 뜨거운 난로가 있다. 난로 근처에 앉아 있으면 몸도 뜨거워질 것이다. 물론 난로의 복사에너지를 받았기 때문이다. 하지만 뜨거워진 몸에서도 눈에 보이지는 않겠지만 적외선 같은 빛이 나온다. 그건 바로 뜨거워진 사람의 몸의 복사에너지이다.

즉 태양의 복사에너지를 받은 지구도 뜨거워져서 복사에너지를 방출한다. 좀 더 정확하게 말하면 대기권으로 들어온 70의 에너지 중 20은 성층권에 있는 오존층에서 흡수된다. 오존이 태양에서 오는 자외선을 좋아하기 때문이다. 그럼 남은 50이 지표로 들어오는데 그것이 육지와 바다를 뜨겁게 만든다. 하지만 뜨거워진 육지와 바다에서도 복사에너지를 방출하는데 일부는 대기권을 뚫고 우주로 나가지만 대부분은 대기에 있는 수증기나 이산화탄소가 흡수한다. 뜨거워진 대기는 다시 복사에너지를 땅이나 우주로 방출하면서 땅과 대기가 서로 열을 주고 받아 대기와 땅의 온도가 거의 일정하게 유지된다. 그러므로 전체적으로는 태양에서 받은 복사에너지가 결국 다시 우주로 방출되는 셈이므로 지구의 온도가 거의 일정하게 유지될 수 있는 것이다.

QUIZ 30

온실효과란 무엇인가?

해설 가열된 지표의 복사 중 대부분이 대기 속의 수증기와 이산화탄소에 의해 흡수되어 지표의 열이 바로 우주로 빠져나가는 것을 막아준다. 마치 추울 때 두꺼운 옷을 입으면 몸의 열이 밖으로 빨리 빠져나가는 걸 옷이 막아주는 것과 같은 이치이다. 만일 지구에 대기라는 옷이 없으면 지구는 낮에는 무지무지 뜨거워지고 밤에는 무지무지 차가워질 것이다.

그럼 무엇 때문에 지구가 뜨거워지는 걸까? 수증기는 물이 증발되어 하늘로 올라간 거고 그것이 다시 차가워지면 비가 되어 다시 내려오니까 일정한 양으로 계속 유지된다. 하지만 문명의 발전으로 인해 석유를 이용하여 자동차를 달리게 하거나 공장을 가동하거나 하면서 점점 이산화탄소가 많이 발생하는 데 대기 속에 늘어난 이산화탄소가 그 만큼 더 많은 열을 흡수하게 되어 지구는 뜨거워진다. 그래서 점점 지구의 온도가 올라가는데 이것을 온실효과라고 부른다.

적도는 덥고 극지방은 추운 이유는 무엇인가?

해설 적도에서는 태양이 머리 위에 떠 있다. 즉 태양의 고도가 높다. 하지만 극지방으로 올라갈수록 태양이 비스듬히 비추게 되니까 태양의 고도가 낮다. 태양의 고도가 높으면 같은 면적에 들어오는 복사에너지가 더 크기 때문에 적도지방이 극지방보다 더운 것이다. 적도 쪽이나 극지방이나 들어오는 태양의 복사에너지는 같은 데 극지방에는 비스듬히 들어오니까 같은 면적의 지표면이 받는 복사에너지의 양은 작아지고 적도지방은 큰 복사에너지를 극지방은 작은 복사에너지를 받는 것이다.

하지만 지표의 복사가 있으니까 마찬가지 아닐까? 그렇지 않다. 적도지방은 들어온 태양 복사에너지에 비해 지표가 방출하는 복사에너지가 작다. 그러니까 많이 받고 적게 방출하니까 뜨거워지는 것이다. 반대로 극지방은 들어온 태양 복사에너지에 비해 지표가 방출하는 복사에너지가 크므로 적게 받고 많이 방출하는 것이다.

이런 식으로 계속되면 극지방은 점점 차가워지고 적도지방은 점점 뜨거워져 그 차이가 점점 커질까? 그렇지는 않다. 열이 움직이기 때문이다. 뜨거운 적도지방의 열이 극지방 쪽으로 옮겨간다는 얘기다. 적도지방의 뜨거운 대기나 바닷물이 위로 이동해서 위쪽의 차가운 대기나 바닷물에 열을 공급하여 적도나 극지방이나 연평균기온은 거의 일정하게 유지된다.

QUIZ 32

이산화탄소가 온실효과를 일으킨다고 처음 주장한 사람은?

해설 1895년 스웨덴의 아레니우스는 대기중의 이산화탄소가 지구를 온실처럼 따뜻하게 만든다는 것을 알아냈다.

온실은 비닐이나 유리로 만들기 때문에 태양빛이 온실안으로 들어오면 파장이 짧은 빛은 다시 유리를 통해 밖으로 나가지만 적외선처럼 파장이 긴 빛은 밖으로 빠져나가지 못하고 온실속의 벽에 흡수되어 온실을 따뜻하게 유지하는 역할을 한다.

지구에서 온실의 유리창와 같은 역할을 하는 것이 바로 지구의 대기와 구름이다. 태양에서 온 빛 중 파장이 짧은 빛은 대기나 구름에 반가되어 다시 우주로 날아가지만 파장이 긴 적외선과 같은 빛은 지구를 빠져나가지 못하는 데 그건 바로 온실가스들 때문이다. 수증기, 이산화탄소, 메탄과 같은 기체를 온실가스라고 하는 데 이들은 긴 파장의 적외선을 잘 흡수하여 열이 우주로 빠져나가는 것을 막기 때문에 지구가 항상 일정한 온도를 유질할 수 있다. 하지만 이들 온실 가스가 너무 많아지면 지구의 온도가 올라가는 데 그게 바로 지구온난화입니다. 온실가스가 많아지면 지구의 온도가 올라가 빙하가 녹으면서 바다가 높아지는 등 여러 가지 재앙이 올 수 있다.

ANSWER

32 아레니우스

오늘날 가장 심각한 문제는 기후의 변화이다. 1992년 6월 브라질의 리우데자네이루에서 세계 150여 개 국가가 모여 이 문제를 심각하게 논의했으며 우리나라도 세계 기후 협약에 서명하고 지구의 기후 변화 를 막기 위한 노력을 약속했다.

현재 지구 온난화 현상과 세계의 기후 변화는 자연적 현상인가? 아니면 사람들이 만든 것인가? 그리고 지구의 온난화는 지구에 어떤 피해를 줄 것인가? 이런 문제들이 지구온난화의 주요 논의 문제이다.

기후는 자연 환경의 한 요소이다. 각 지역의 기후는 그 지역에 사는 사람들의 문명과 생활양식을 만드는 요소이다. 세계적으로 지구 온난화가 생기면서 홍수와 가뭄 이 과거 보다 큰 규모로 발생해 많은 사람들이 고생을 하고 있다. 또한 이런 기후의 변화로 오래된 유적지가 훼손되기 까지 한다. 그러므로 지구의 기후 변화는 현재의 우리들 뿐 아니라 미래의 우리 후손에게도 심각한 영향을 주게 된다.

기후는 대기의 평균 상태를 말한다. 즉, 매일 매일의 날씨를 오랜 기간 동안 평균한 대기의 상태이다. 지구의 기후는 위도, 고도, 바다와 대륙의 분포, 해류 등에 의해 달라진다. 기후 변화는 대기만의 문제로서 나타나는 것이 아니라, 태양 복사의 변화, 대기와 바다의 상호작용, 지표면의 변화 등에 따라 달라진다.

기후 변화를 일으키는 요인에는 외적요인과 내적요인이 있다. 외적인 요인으로는 태양복사량 변화, 대기 성분의 변화, 지표면의 변화, 바다 속 염분의 양의 변화를 들 수 있다. 이 중에서 태양의 복사 에너지의 양이 계절에 따라 달라지면서 기후는 주기적으로 변하게 된다. 즉, 지구의 공전궤도의 변화, 자전축의 변화 등은 지구상에 빙하기의 원인으로 알려져 있으며 화산의 폭발이라든지, 우주 먼지등은 태양의 복사에너지를 막아 지구의 기후 변화를 가져오게 된다.

지구 자전축의 변화와 관련된 두 개의 요인이 있다. 하나는, 지축의 세차운동으로 지구 공전 축에 대하여 지축이 1만 9천~2만 3천년 주기로 팽이처럼 원을 그리며 회전하는 것이다. 현재 태양 주위를 타원궤도를 따라 공전하는 지구의 북반구는 여름철에는 태양에서 가장 멀고 겨울철에는 가장 가깝다. 그러나 1만 1천 년 전에는 이와는 반대로 여름철에 대양에 가장 가깝고 겨울철에 가장 멀었다. 따라서 이때는 현재와는 반대로 북반구에서 더 많은 태양 에너지가 유입되었다. 이에 따라 북반구에서 기후의 계절변화는 지금보다는 훨씬 더 컸고 아시아 몬순의 강도도 더욱 크게 나타났을 것으로 생각된다.

한편, 내적인 요인으로는 대기와 바다의 상호작용에 의해서 반복적으로 나타나는 변화를 들 수 있다. 예를 들면, 엘니뇨는 동태평양의 해면 온도가 올라갈 때 나타나며, 이때 대기에는 이상 기상 현상이 생긴다.

즉, 기후 변화의 요인은 외적 요인과 내적 요인으로 나뉘고, 다시 내적 요인으로는 자연적인 것과 인위적인 것으로 나뉜다. 내적 요인 중 화산의 폭발 등은 자연적인 것이고, 자동차라든지 공장의 매연에 의한 이산화탄소의 증가, 이산화황의 증가 등은 인위적인 것이라고 할 수 있다.

지구상의 기후는 지구 탄생 이후 끝없이 변하여 왔다. 특히, 인류가 나타난 후 지구에는 네 번의 빙하기와 네 번의 간빙기가 있었다. 마지막 빙하기는 약 1만 2000년 전에 끝났고, 지금은 간빙기의 마지막 단계이다.

그 동안의 연구에 따르면 19세기의 소빙하기 이후 기온이 내려갈 것으로 예측되었지만 오히려 지금 지구의 기온은 올라가고 있고 이에 따라 지구상에는 이상 고온 현상이 생기고 있다. 1860년대부터의 세계의 기온변화를 보면, 기온은 19세기 말과 20세기 초에는 1951년부터 1980년까지 30년간의 평균값보다 0.3℃ 낮았으나, 1930년대부터 서서히 상승하여 1940년대와 1960년대의 지구온난화를 거쳐 1970년대 이후에는 급격하게 올라가고 있다. 현재는 1951~1980년 기간에 비해 0.3℃ 정도 기온의 상승을 보여주고 있다. 기온의 상승은 지구상의 어느 곳에서나 나타나며, 특히 남반구에서 더욱 심하다.

최근 기온 상승의 원인을 하나로 지적하여 설명하기는 어렵지만 산업혁명 이후 기온의 상승은 인간의 산업 활동때문으로 여겨진다. 왜냐하면, 같은 기간 중에 지구온난화를 시키는 이산화탄소와 같은 온실 기체의 양이 대기에서 크게 증가했기 때문이다.

대기의 성분 중 이산화탄소는 단지 0.03%에 불과하다. 그럼에도 불구하고, 이 기체는 지구의 복사에너지를 다른 어느 기체보다도 많이 흡수한다. 태양 복사 에너지는 대기를 통과하여 지표로 들어올 때 거의 흡수되지 않으나, 지표에서 방출된 지구 복사 에너지가 이산화탄소와 같은 온실 기체에 의하여 흡수되므로 지구의 기온은 유지, 보존 된다. 온실안이 따뜻한 까닭도 바로 이러한 온실 효과 때문이다.

산업 혁명 이후 화석연료를 많이 사용하면서 대기에 온실기체가 많아졌고 자동차 등 각종 교통 기관에 의한 배기가스도 이

들 온실 기체를 증가시켰다.

이산화탄소의 양은 1800년경에는 280 ppm이었던 것이 1990년 현재는 358 ppm를 나타내고 있다, 이와 같이 이산화탄소의 증가는 이 기간 중의 기온 상승을 잘 설명해준다.

최근 냉매제로 많이 사용되는 프레온가스는 기온의 상승을 일으킬 뿐만 아니라, 성층권의 오존층을 파괴한다. 즉 성층권에 이른 프레온에서 봄이 되면서 강한 자외선에 의해 염소 이온들이 튀어나와 빠르게 오존층을 파괴한다.

앞으로의 기후 변화 또는 21세기의 기후는 어떻게 될까? 기온 변화를 일으키는 이산화탄소가 현재의 증가율로 계속 증가할 때, 지구의 기온은 2025년에는 지금 보다 약 1℃ 상승하고, 다음 세기 말에는 약 3℃ 상승할 것으로 예상된다. 이러한 지구 온난화 현상은 2030년 까지 2~3%의 강수량과 증발량의 증가를 가져올 것이다. 현재 방출되고 있는 온실 기체의 양이 어느 정도 규제된다면 온도 증가율은 감소할 것이고 그렇지 않으면 기온 상승률은 더욱 높아져 2100년에는 지금보다 5℃나 상승할 것으로 과학자들은 생각하고 있다.

QUIZ 33

지구온난화로 일어나게 될 현상은 무엇인가?

해설 지구온난화가 오면 어떻게 될까? 짧은 시간 규모 안에서 나타날 현상으로는 먼저 이상 기상을 들 수 있다. 즉, 우리가 과거에 경험해 보지 못했던 아주 뜨거운 여름이 오거나 엄청난 폭우가 내리게 된다. 이상 기상의 출현은 점점 더 자주 일어나며 이것이 결국 지구 기후 변화를 일으킬 것이다.

지구의 온난화는 현재 지구상의 온대와 한대의 일부를 아열대화 또는 아한대화 시키고, 열대의 면적을 넓힐 것이다. 또, 해빙과 빙설을 녹이고, 해수의 온도를 높여 해수면 상승을 일으킬 것이다.

계산에 의하면, 다음 세기 말까지 매년 0.6cm의 해수면 상승이 예상되며, 2030년에는 현재보다도 약 20cm 상승하고, 21세기 말에는 65cm가 상승한다.

따라서, 다음 100년간 남극 대륙과 그린랜드의 빙하는 줄어들고 이로 인해 해수면이 올라가 전체 육지 면적은 줄어들어 해안선의 모양이 바뀌고 해수욕장이 사라지고 저지대가 물에 잠기고 농경지가 줄어드는 등 많은 문제점을 일으킬 것이다.

기후 변화에 동반되어 일어나는 사막화 현상 또한 매우 심각하다. 지난 30년 동안 사우디아라비아 면적에 해당하는 사막이 새로 생겨났고 매년 1000만 에이커의 새로운 사막이 만들어진다. 아프리카 지역의 극심한 가뭄은 바로 지구온난화가 가져온 재앙이다.

지구온난화의 피해로 극심한 굶주림을 들 수 있다. 세계에서는 연간 수천 톤의 살충제가 사용되는데도, 세계 식량의 40퍼센트 이상이 해충과 식물 질병, 잡초에 의해 손실된다. 액수로 환산하면 5천억 달러에 달한다.

따뜻한 온도와 온화한 겨울은 해충의 번식을 강화시킨다. 해충들은 고지대로 확대되고 해마다 활동 기간도 늘어난다. 애벌레는 추위 때문에 죽어야 하는 지역에서조차 겨울을 견디게 되고, 농번기에 왕성히 활동한다. 해로운 곤충은 일년 동안 많은 번식을 하게 된다. 어떤 암컷은 수백만 개의 알을 낳는다. 날

개로 이동하면서 여러 지역을 먹어 치우는 메뚜기가 번식하는 보도는 남유럽에서 많이 볼 수 있다. 온도가 1도 상승하면 유럽옥수수 곤충은 북쪽으로 500킬로미터 더 확산되어 곡식을 망가뜨린다. 온도가 3도 올라가면 더 많은 해충을 보게 된다. 이는 화학 살충제로 해충을 조절한다는 것이 얼마나 어려운지를 보여 주는 것이다.

아프리카 돼지열과 같은 동물 질병은 북아메리카로 옮겨 간다. 식물 질병, 특히 균과 박테리아에 의한 질병은 온난하고 습한 조건에서 번성한다. 영국의 온순한 겨울은 감자마름병과 곡식의 흰곰팡이 발생을 촉진시켰다.

QUIZ 34

오존층이 파괴되고 있다는 것을 처음 알아낸 사람은?

해설 1970년 네덜란드의 크루첸은 지구 대기의 성층권에 존재하는 오존층이 점점 파괴되고 있다는 발표를 했다. 대기 중에 오존이 주로 모여 있는 곳을 오존층이라고 하는 데 성층권에 존재한다. 오존은 태양에서 오는 강한 자외선을 흡수한다. 만일 오존층이 없다면 강한 자외선이 지구로 내려와 모든 생명들이 살 수 없으므로 오존층은 지구를 지키는 역할을 한다.

ANSWER

34 크루첸

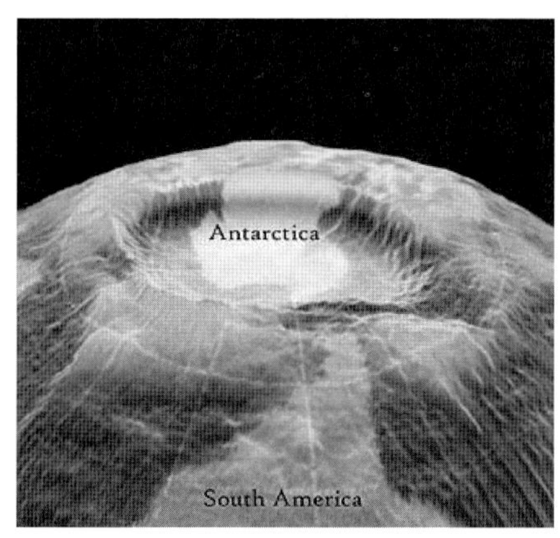

크루첸은 오존층의 오존을 파괴하는 물질을 인간이 사용하기 때문에 오존층이 점점 줄어든다고 했는데 대표적인 물질로는 프레온 가스를 들 수 있다. 프레온 가스는 주로 스프레이나 냉장고, 에어컨에 사용되는 기체인데 이 기체가 하늘로 올라가 오존층에 있는 오존을 없애기 때문에 오존층의 오존의 양이 줄어든다는 것이 그의 생각이다.

QUIZ 35

오존은 어떤 기체인가?

해설 오존은 약간 푸른색을 띠는 기체로 혀나 코를 자극하는 냄새가 난다. 오존은 성층권에만 있는 것이 아니라 지표 근처에도 있다. 햇빛 강한 날 자동차가 거리에 많이 나오면 오존이 많이 만들어진다. 자동차의 배기가스가 태양 빛을 받으면 오존이 발생하기 때문이다. 오존은 적당한 양이 있으면 살균이나 나쁜

냄새를 없애주지만 양이 많아지면 독한 냄새 때문에 사람들이 불쾌감을 느끼고, 기침, 두통, 피로감 또는 눈이 따가워지거나 숨이 막히 증상을 유발하고 오랫동안 오존을 마시면 폐암에 걸릴 수도 있다.

QUIZ 36

온실효과가 강한 행성은 무엇인가?

해설 금성은 두터운 이산화탄소 대기를 가지고 있어서 대기압이 지구보다 훨씬 높다. 이런 이산화탄소의 대기는 온실효과를 일으키기 때문에 금성은 수성보다 태양에서 더 멀지만 수성보다 표면온도가 더 높다.

QUIZ 37

대기와 해양의 상호작용이란 무엇인가?

해설 대기는 지구의 주위를 감싸고 있으며 복잡한 운동을 한다. 대기를 가열하는 부분은 태양으로부터 받은 총 에너지의 양을 100으로 하였을 때 19/100 정도이지만, 지표로부터 대기를 가열하는 능력은 45/100이다. 따라서, 대기에 대해서는 지표면의 영향이 태양보다 2배 이상 크다.

ANSWER

36 금성

에너지를 받아들이는 데 대해 대기와 해양은 거의 차이가 없다. 다만, 대기가 태양 복사를 흡수하는 등 예외적인 경로를 가지고 있으나, 대부분 지표로부터 에너지를 공급받고 있고 해양의 경우에 모든 에너지 공급은 해면을 통하여 일어난다. 태양의 가열, 냉각, 강우, 증발, 바람 작용 등은 모두 해면을 통하여 바다 내부에 에너지를 공급해 준다.

그러므로 해양과 대기는 해면을 경계로 서로 대칭되는 구조를 가지게 된다. 즉, 대기는 해양으로부터 에너지를 공급받고, 해양도 대기로부터 에너지의 공급이 이루어진다.

해양의 온도가 지역마다 다르므로 이것은 각 지역의 대기를 다른 온도로 가열시켜 이로 인해 대기가 순환하게 된다. 이와 같이, 대기와 해양은 서로 영향을 끼침으로써 끊임없이 변하는데 이 관계를 대기와 해양의 상호작용 이라 부른다.

QUIZ 38

엘니뇨란 무엇인가?

해설 20세기가 저물어 가는 1997～1998년에 세계는 전 지구적으로 가뭄과 홍수, 폭설이 동시에 지속되는 이제껏 겪어보지 못하였던 극심한 기상이변을 겪었다. 기상이변의 주범으로는 '엘니뇨'가 지목되었는데, 1982～1983년 '세기의 엘니뇨'는 전지구적으로 약 2조원의 피해를 입혔고 1997～1998년의 피해는 이보다 더하여 갈수록 심해지는 경향을 보이고 있다.

스페인어로 '남자아이'란 의미의 엘니뇨는, 매년 크리스마스 즈음 남미 페루 연안의 바닷물 온도가 올라가 연안의 물고기떼가 다른 지역으로 이동하기 때문에 어부들이 물고기를 낚으로 가는 것을 포기하고 집에서 가족들과 크리스마스를 즐긴 데서 유래하였다. 그래서 '아기예수'라고도 불린다. 학문적으로는 언제라도 바닷물의 온도가 수개월 이상 평년보다 높아지는 이상현상을 엘니뇨라고 부른다. 그리고 그 반대는 여성형 '라니냐'이다. 서쪽으로 부는 태평양 무역풍이 따뜻한 바닷물을 서쪽에 모으면 그곳의 수온이 오르고 동쪽에서는 찬물이 솟아올라 수온이 내려간다. 이것이 라니냐이며, 반대로 바람이 잠잠해지면 더운물이 동쪽에 모여 아메리카 대륙 서쪽 해안에 바닷물이 몰려가는 엘니뇨가 발생한다.

엘니뇨가 발생하면 비가 내리는 지역이 급변하며 지구 대기에도 영향을 미쳐 전지구적인 기상이변이 일어난다. 20세기초 학자들은 바람 외에 남반구의 기압계의 변화도 주요 원인으로 지목하였으며, 1980년대부터는 전지구적 연구프로그램이 진행되어 엘니뇨를 예측하고 있다. 그래서 영향권 내의 국가들은 곡물생산계획을 새로 세우는 등 가능한 준비를 한다.
봄에서 가을 사이에 남아메리카의 페루 및 에콰도르의 서쪽 태평양 연안 해역에서는 적도의 약간 북반구 쪽으로 치우쳐 있는 열대 수렴대를 향해 해안과 평행하게 남동 무역풍이 불고 있다. 이 남동 무역풍은 중위도의 찬 해수를 페루 해류로 운반할 뿐만 아니라 표층의 해수를 멀리 이동시킨다. 따라서, 표층수가 이동한 자리를 메우기 위해 바다 깊은 곳의 심층으로부터 찬 해수가 올라와 이 지역의 수온은 낮아진다. 심층으로부터 상승한 해수는 영양 염류를 많이 포함하고 있어 플랑크톤이 풍부해 좋은 어장이 된다.

남반구는 크리스마스 때부터 이듬해 3월경까지 열대 수렴대가 적도 부근으로 남하한다. 따라서, 페루와 에콰도르 부근의 남동 무역풍이 약해지기 때문에 적도 부근의 따뜻한 해수가 밀려와 해수면의 수온이 높아진다. 한편, 북쪽으로부터 난류가 내려올 때 난류계의 어류가 풍부하므로, 어민들은 많은 수입을 올릴 수 있었다. 주민들은 이것을 크리스마스의 선물로 생각하여 하늘의 은혜에 감사하는 뜻으로 엘니뇨 해류라고 부르게 되었다. 엘니뇨 란 스페인어로 '신의 아들 또는 어린 예수 그리스도'라는 의미인데, 따뜻한 해류가 크리스마스 직후에 나타나는 경우가 많았기 때문에 그렇게 불렀다.

그런데 수 년에 한 번 정도 간격으로 이 엘니뇨 해류가 비정상적으로 강해져, 수 ℃나 높은 수온이 1년 중 계속되는 때가 있다. 이런 경우에는 해양 생태계가 파괴되어, 페루 부근의 정어리 어장은 치명적인 타격을 입는다. 더욱이, 높은 수온은 페루 북부에 많은 비를 내리게 하여 홍수 등의 재해를 초래하기도 한다.

이러한 이례적인 해양 현상은 페루 연안에 한정되지 않고 태평양의 넓은 해역에서도 나타난다. 더구나 그 영향은 해안뿐만 아니라, 기상학적, 생태학적, 경제학적으로 전 지구적인 폭을 가진다. 따라서, 초기에는 페루연안에서 크리스마스 때부터 이듬해 3월경까지 나타나는 계절적인 현상을 가리키던 '엘니뇨'라는 말이, 최근에는 수 년에 한 번씩 동부 태평양 적도 해역에서 대규모로 나타나는 이상 고온현상을 나타내는 데 이것을 엘니뇨 현상이라고 부른다.

엘니뇨 현상의 영향은 기상(날씨), 기후, 어업, 경제 등의 여러 면에서 나타나고 있다. 먼저, 기상에서 영향을 알아보면, 엘니뇨 현상이 발생하면 홍수, 한발 등의 재해를 동반한 이상 기상의 발생 건수가 세계적으로 증가하는 경향이 있다. 이는 엘니뇨 현상의 발생에 의해 적도 해역의 해수면 수온 분포가 변하면 대류 활동의 강도 및 중심이 변한다. 이것은 대기에 에너지를 공급하는 열원의 이동 및 공급 에너지의 증감을 의미하고 있고, 이것에 의해 지구 전체의 대기 흐름도 변하며, 세계의 기상이 영향을 받는다.

QUIZ 39

라니냐 현상이란 무엇인가?

해설 라니냐는 스페인어로 여자아이라는 의미로 1985년 미국의 해양학자 필란다 박사가 최초로 사용한 말로, 엘니뇨의 반대의 의미를 가지고 있다.

라니냐 현상이란 적도 무역풍이 더욱 강해져 서태평양의 해수면과 수온이 높아지면서 동태평양의 수온이 낮아지는 현상이다. 대체로 동태평양의 적도 부근 해역의 해수면 온도가 평년보다 0.5℃ 이상 낮은 상태로 6개월 이상 지속될 때 라니냐 현상이라고 부른다.

자연과학시리즈 • 4

퀴즈 지구과학의 역사

초판 인쇄 / 2014년 7월 21일
초판 발행 / 2014년 7월 25일

지은이 / 정완상
펴낸이 / 오판근
펴낸곳 / 교우사
출판등록 / 1994년 3월 24일 제6-0256호
주소 / 서울특별시 동대문구 약령시로 8 교우빌딩 2층
전화 / 02)925-2861(代), 02)925-2825(편집부)
팩스 / 02)925-2860

E-mail / kyowoo@kyowoo.co.kr
http://www.kyowoo.co.kr

ISBN 979-11-251-0038-6 (04400)
979-11-251-0034-8 (세트)

값 **10,000**원